不一樣的領導學

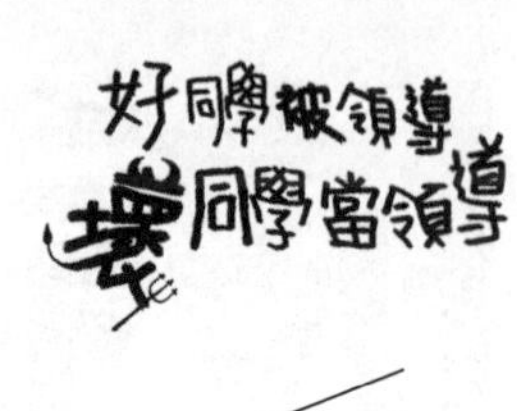

前言 FOREWORD

如果我們以自己為圓心，對身邊的朋友、同學進行詢問、調查，結果會發現，也許我們所調查的對象——身邊的同事、主管，大多是高學歷的大學生、碩士，但最終讓我們吃驚的是：一個公司、企業的老總、創始人竟然是其所屬單位的學歷最低者！

這樣的情況並不少見，尤其是在銷售行業，「就業門檻低」這個特點給了更多人機會，這裡沒有學歷限制，凡是有野心、有能力拚業績的，都可以進來。所以，在這裡，不論你是大學生、碩士還是博士，你都會得到與專科、國中學歷者一樣的競爭環境，如果說有不一樣的，恐怕就是外界期望值的不同、輿論壓力的不同。

於是乎，我們便發現了，在不重視學歷而重視能力，或者說完全無視學歷的行業中，一個團隊的領導者往往是低學歷者。他們也許不是學校裡的好學生，但卻成為了自己行業中的佼佼者。

隨著社會的發展，教育的普及，以及人們對高學歷的趨之若鶩，大學生越來越多，就像人們常說的：「一抓一大把」、「隨便扔塊石頭，砸到的十個人中八個都是

FOREWORD

前言

大學生」。這說明什麼？說明高學歷者越來越多，但一種奇特現象也在發生：高學歷的「好學生」未必前途坦蕩，低學歷的「壞學生」也未必障礙重重。

領導管理方式與對人才的看法在不斷革新，人們對於人才的定義也不僅僅只是學歷評比，綜合能力成為了首要的考慮條件。

於是，「不重學歷重能力」正逐步成為社會、大小企業、各行各業的普遍用人標準。

有些「好」同學可能會心中感到不平，認為：「有學歷不好嗎？好吧，即使沒有學歷，我們這些好同學比那些後段班的差到哪去了？一樣的做人、做事、拚業績，他們有的，我們也有，憑什麼他們能當『老闆』，我們卻只能跟著他們打轉，聽他們發號施令？」

如果這樣想，那說明好同學還是沒有看出自己和那些「後段班」的差異在哪裡，並不是「他們有的，我們也有」，相反，那些我們口中的「壞」同學所有的東西，正是我們所極為匱乏的東西——比如野性、比如圓滑、比如謀略、比如敢衝、比如夠狠、比如能說善道長於交際領導，比如一身豪氣即便不是主管也能成為團體中的「大哥大」、「大姐大」……

「壞」同學就像狼，「好」同學總扮羊；

「壞」同學仿毒蛇，「好」同學學乖兔；

「壞」同學扮乞丐，「好」同學總像慈善家；

「壞」同學做魔鬼，「好」同學成天使；……

美好的詞語都是「好」同學的代名詞，惡劣的詞語似乎從學校起就成了「壞」同學的代名詞，然而，這些形象的代名詞也許正是我們揭開諸多好同學無法理解的「反常現象」的切入點，從而找到「壞」同學當領導，而「好」同學只能被領導的真正原因。

夠野：壞同學是「狼」，好同學是「羊」

敢要：壞同學是「乞丐」，好同學是「慈善家」

CONTENTS
目　錄

善謀：壞同學是「狐狸」，好同學是「黃牛」

CONTENTS

目　錄

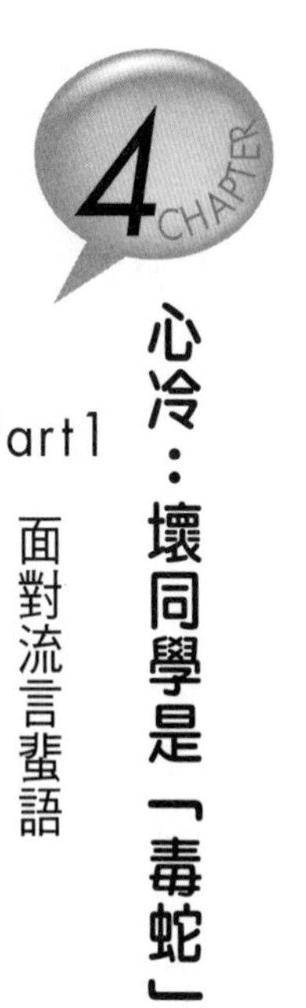

心冷：壞同學是「毒蛇」，好同學是「白兔」

能狠：壞同學是「魔鬼」，好同學是「天使」

CONTENTS
目　錄

見遠：壞同學是「將才」，好同學是「幹才」

海派：壞同學是「大哥」，好同學是「小弟」

CONTENTS

目　錄

CHAPTER

夠野：壞同學是「狼」好同學是「羊」

在這個物競天擇的社會裡，狼早已認清了「狼多肉少」的真理，在狼的眼中，世界是殘酷的，他們的胃口本就不「安逸」，所以，他們要磨尖牙、磨利爪，以成為更強大的族群。

在羊的眼中，世界有危險，可只要有「主人」這個保護傘，生存就僅是如何在那遍地是草的地方悠閒吃草，所以，羊群們要強化的技能只是「防」。

於是，當狼與羊同時出現在職場、官場、商場時，失去了保護傘的羊只學會了防，而狼學會的卻是「搶」、「奪」、「爭」；所以，「壞」同學往往能夠越爬越高，當主管、當老闆、當領袖！而習慣了被保護的「好」同學，就只能在壞同學的保護與庇佑下才能安逸地生存。

Part1 天性

狼，拒絕被「圈養」

每個「壞」同學的心中都有一匹奔跑的狼，他們從來都不願意被安穩的豢養，他們有自己的理想、目標和信念。他們的天性中有一種統治的慾望，即使自身的條件再不好，他們也會等候時機，為自己爭取和創造更好的條件——這就是狼的性格，也是「壞」同學的性格，他們知道等待，知道為自己創造機會，他們從來都不甘於平庸和平淡。

漢高祖劉邦出身寒微，他出生於沛縣的一個小村莊，年少時期曾在馬公書院讀書，拜馬維先生為師。在劉邦讀書期間，他經常翹課，還經常被老師訓斥，但是他不改懶散的本性，依舊我行我素；在家中劉邦也不喜歡到田裡去工作，他的父親也經常訓斥劉邦，說他沒有他的哥哥成材，以後難成大業。雖然如此，但劉邦卻有個優點，即是為人豪爽，對待他人很寬容。

後來劉邦做了泗水的一個小小亭長，相當於今日的里長，當時他和泗水的那些小官吏們混得很熟，在當地也漸漸有了名氣，但是，劉邦志向高遠，他並不想一輩子只做一個小小的亭長。有一次劉邦在送服役的人去都城咸陽的時候，在路上，劉邦看到秦始皇大隊的人馬在出巡，當時秦始皇坐在華美的車上，整個人威風極了。當大隊的人馬走遠之後，劉邦羨慕地說：「大丈夫就應該這樣才對！」

秦朝末年，劉邦在為沛縣押送犯人去驪山的時候，很多犯人都在半路上脫逃了，這在當時可是個死罪。劉邦想，等到了驪山這些人也差不多都逃光了，我去了也等同是送死；所以，當走到芒碭山的時候，劉邦就讓所有的人停下來飲酒，然後他說：「我放你們一條生路，你們也都逃命去吧，看來我也要做亡命之徒了！」服役的人中有十幾個人都願意追隨劉邦。於是劉邦就斬白蛇起義，開始對抗秦朝。

後來，劉邦的聲勢越來越壯大，並有許多謀臣和名將誓死追隨劉邦，其中包括張良、蕭何、樊噲、韓信等人，在這些人的輔佐下，劉邦最終滅了秦朝，勝了楚霸王項羽，最終成就帝王大業。

眾所周知，劉邦原來不過是沛縣的一個小混混，當時，誰能想到一個小混混可以成就一番大事業？而且還成為歷史上第一個平民皇帝呢？原因就在於劉邦的天性中有一種狼性，他不甘於只是做一個小小的亭長，甚至，他在看到秦始皇浩大的出巡隊伍之後，居然說出了：「大丈夫就應該像這樣才對！」的妄言，這在當時看來無非是

「大逆不道」的話。

「壞」同學從來都是不那麼容易被馴服的，他們渴望自由，不甘心被領導，他們向來都堅信自己才是真正的領導者。他們渴望成為一個領導者，有了渴望也就有了動力，有了動力才有可能會成功。劉邦就是心存高遠志向，他因為渴望成為一個像秦始皇那樣的人，所以才有了後來的斬白蛇起義，才能終結秦朝，成就霸業，成為一代明君。

劉邦也善於隱忍，他明白自己真正想要得到的是什麼，所以他從來都不會被任何人馴服，他只想成就自己的霸業，只有這樣他才能是自由的，可以不受任何人的支配；儘管走向自由的道路是艱辛且漫長的，但是「壞」同學最不怕的就是隱忍和等候時機，因為「壞」同學從小受到的非議要比表揚多，所以，他們更加懂得了隱忍和等待。

同時，狼又是狡猾的。

「壞」同學自然也有狡猾的一面，他們懂得如何變通，他們也夠世故、夠圓滑。所以，劉邦才能在沛縣混得很好。當他起義的時候，以「斬白蛇」為噱頭，不過是為自己找一個藉口，以便自己能得到更多人的支持。

同時，「壞」同學因為經歷比較豐富，所以，他們的觀察力也較強。正是因為劉邦看到了秦朝的氣數已盡，他才敢把押送的犯人放走，他放人的行為也是在為自己的起義招兵買馬、籠絡人心。

劉斐揚從台大畢業，畢業後在一家大型企業擔任部門主管，算是高薪階級，憑藉自己的能力，他已經買了一間小公寓，他一直覺得自己的日子過得還算舒服；可是自從最近他參加了一場國中同學的聚會後，他開始有些迷惑了。

原來，在斐揚參加同學會的時候，他原本認為，從前他就是班上的佼佼者，以他今日的收入和地位，自然應該算是同學中的佼佼者了；但誰知，他們班以前那些「小混混」們，有很多現在都已經是身價數百萬甚至千萬的大老闆了，更讓斐揚覺得不解的是，這些人甚至連高中都沒有讀！比如，以前老是抄他作業的胡紹祥，現在已經是一家賓士車行的老闆，另一個成績不怎麼樣的同學劉磊基也是幾家連鎖飯店的大老闆。

那天，劉斐揚正巧就坐在胡紹祥和劉磊基之間，三個人正在閒聊的時候，磊基突然對紹祥說：「欸，胡紹祥，我要買輛車，你給個折扣吧！」

紹祥立刻拍著自己的胸膛說：「這個好辦，好同學當然有好價錢！可是，你前不久不是才剛買了一輛新車嗎？怎麼又要買？」

磊基訕笑著說：「唉，沒辦法，家裡人多，一輛不夠用啊！」

……

兩個老同學之間的對話，將斐揚最後的一點驕傲也全給打掉了。

「壞」同學只是不太適應學校這個環境，可是，這並不代表他們到社會後也會一事無成。劉斐揚正是自認為「壞」同學的境遇一定沒有自己的好，這才產生了這麼大的心理落差。

我們要清楚，一個人的成績好壞，與一個人能否成功並無多大的關係。也許磊基和紹祥走到今天之前確實繞了不少遠路，但他們畢竟成功了，他們沒有成為馬戲團中的小丑，而是成了一匹真正的狼。

「壞」同學也許在課業方面不太行，但正是因為這樣，他們才早早進入了社會，提早地磨練，讓他們變得更具洞察力，更加世故圓滑，同時又因為天性中那份不甘於平淡的韌性與幹勁，使得「壞」同學最終成了領導者，而不是被領導者。

「壞」同學是註定要成為一個領導者的，因為他們之所以壞，就是在學校的時候從來都不聽從他人的安排；「壞」同學是難以馴服和駕馭的，這個特質也註定了他們在事業道路上的定位和方向，他們明白自己想要的是什麼，要摒棄的是什麼。

羊，享受羊圈裡的安逸

而那為數眾多的「好」同學呢？他們享受安逸，不太喜歡生活中充滿折騰，天性中就有一種安於現狀的性格。「好」同學就像是羊圈中的小綿羊一樣，安逸舒適地待在羊圈中吃吃草、曬曬太陽，甘願被別人領導著，他們想要的並不算多，羊圈外的風雨與他們無關，他們只是想要固守住羊圈以內的小天地。

有些「好」同學，他們認為最理想的生活無非就是能夠順利畢業，然後在一家安穩的公司做個小主管，過著衣食無憂的生活就足夠了。所以很多的「好」同學並沒有那麼大的野心，他們在學校是聽老師話的「好」同學，走出校門之後，也是聽從上司命令的好下屬。

于靜書畢業於知名大學，畢業後經過千挑萬選，她終於找到一家比較適合自己的公司。因為在大學期間所學的專業是人事管理，畢業後自然而然地也就進入了這家公司的人事部門。

剛剛進入公司的時候，靜書對於任何事情必定要親力親為，不論大小事都搶著做，每天下班的時候，靜書雖然很累，可是她卻覺得自己非常充實。可是，隨著時間過去，部門中其他的同事卻逐漸對她失去了一開始時的那種友善和熱情，儘管靜書極力地想要跟每個同事都打好關係，卻總是事與願違。一次，靜書在廁所還不小心聽到了其他同事對她的批評。

同事甲：「欸，我說那個新來的，她整天是在裝什麼認真？弄得我們好像都是吃閒飯的一樣！」

同事乙附和地說：「就是嘛，看了就噁心，整天裝得自己好像很忙，也不知道到底要演給誰看！」

同事丙：「演給誰看？還不就是想在老闆面前邀功，想加薪！想升遷！」

同事乙：「就她那蠢樣還想要升職？！」

……

靜書聽了同事們對自己的批評，感到非常氣憤，她強壓著怒火，暗自發誓一定要做出成績給這些瞧不起她的人好看！

從此以後，靜書更加努力地工作，自然，她與同事的關係也是越來越疏遠了。可是，儘管每次靜書的工作都很出色，上司也看到了，但是卻沒有對靜書出色的成績表示欣賞，反倒是平淡以對；而對於那些每天只會嚼舌根、話家常、搞小團體的老鳥員工們，上司卻總會偶有表揚。靜書心中感到不平，同時，似乎也明白了一個道理：有多努力不重要，在公司待的時間有多久、資歷有多久也許更重要。既然是這樣，又何必那麼辛苦？

漸漸地，靜書對自己的工作開始變得放鬆，也自然和同事們越走越近，於是，靜書慢慢地也就適應了這種散漫的工作狀態，對於以前的雄心壯志已經忘得一乾二淨。她甚至常常為自己擁有朝九晚五的固定作息感到滿足，覺得自己不用像其他人那樣奔波勞苦真是一件幸福的事！

有很多的「好」同學都像于靜書一樣，在剛剛進入職場的時候，總是認為自己可以大展身手！剛開始，他們都非常地努力，可是漸漸地他們就會發現，自己的努力並不是總能得到認可；當他們回頭再看那些懶散的員工時，一樣是工作一天，做的事情卻是少之又少，更不公平的是他們總能夠得到上司的讚賞。

於是，很多的「好」同學也開始學會了在複雜多變的職場上「難得糊塗」，他們明白了很多的事情並不是自己所能夠控制得了的，也不是所有的事情都是可以用努力換來的。他們學會在職場中混日子，他們學會「做一天和尚撞一天鐘」，漸漸地，他們失去自己的雄心壯志，沉迷於現在看似安逸的生活，然後偶爾笑笑那些心中懷有遠大抱負的職場新人。

林譽清在現在的公司已經待了五年，他從事的一直都是設計方面的工作，他自認為自己拿的薪水不算低，工作也算是輕鬆、安逸，所以從沒想過要離開現在的公司去自己創業或是另謀高就。

一次，譽清和自己以前的老同學趙盛博一起喝酒，盛博和譽清是從小一起玩到大的朋友。盛博從小就不聽話，是他們社區有名的「壞小孩」，不過這幾年在外面打拚掙了不少錢，於是想找譽清一同創立一家設計公司。盛博說：「阿譽啊，我們商量一件事怎麼樣？我想開一家設計公司，我出錢、你出技術，我算你股份。怎麼樣？要不要一起做？」

譽清猶豫了半天說：「你也知道，我都已經是有孩子的人了，不能像以前一樣『一人吃飽全家飽』。我現在只想安安分分地在現在的公司裡做一個小小的設計，雖然薪水不算太高，可是很穩定。再說，我在公司待的時間也不短了，說不定還有機會升主任呢。所以啊，公司你還是自己開吧！但是如果有需要的地方，我一定會幫忙的！」

盛博聽了，還是心有不甘，說：「阿譽！我把你當兄弟才想讓你跟我一起做的，等我將來賺了大錢，你可不要後悔喔！」

譽清笑笑說：「不會啦，要真是那樣，只怪我自己沒那個命！」

盛博看譽清的話都已經說成這樣了，也就不好再多說什麼。

兩年後，趙盛博的公司已經開始賺錢了，管理著十多個人，而林譽清依然在原公司裡做一個小設計。

林譽清就像大多數的「好」學生一樣，因為已經適應了目前的工作和生活狀態，就不願意再輕易地做出改變，就這樣，他們變得越來越安逸，越來越沒有上進心，只是想守住自己現在擁有的東西就滿足了。

「創業」確實是一個不小的誘惑，若成功了還好，可是萬一失敗了呢？就是這麼一個「萬一」，最終讓林譽清退縮了；可是，要想做一個成功的人，怎麼可以畏懼失敗呢？很多「好」同學，在安逸的職場環境中常常會被眼前的小成功迷惑雙眼，漸漸也就不再去想職場以外的成功。

很多「好」同學的上進心就像「溫水煮青蛙」，慢慢地就被職場的安逸環境這把「溫火」給燒死了。他們只想著在職場這一方天地中取得更好、更高的東西，殊不知職場外還有一片更為廣闊的天地，又或因為對未知天地的一種敬畏，最後選擇了退縮。

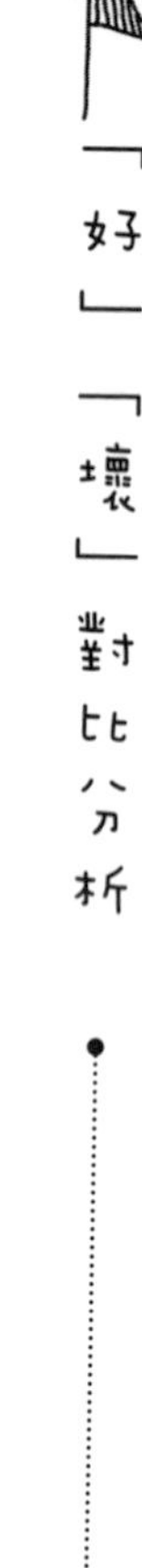

「好」「壞」對比分析

◆「壞」同學就像是一匹狼，渾身充滿了龐大的慾望，他們不甘於平淡，有自己的想法和打算，也不會輕易地被他人馴服。

◆「好」同學就像是一隻羊，他們只想享受安逸，並不欣賞打拚時那種「腥風血雨」的激情，他們只要有足夠的物質條件就夠了，他們想要的並不算太多。

◆正是因為有了狼的天性，「壞」同學從來都不滿於現狀，他們不甘受他人的管制，有自己的想法和追求，所以，他們從來都不願意被豢養，他們每個人都有自己的「狼王夢」。

◆而「好」同學就像是溫順的羔羊一樣，他們追求的並不算太多，只要足夠安逸就可以了，相比費盡心思地做一個領導者，不如享受被領導的安逸。

Part2

領導力

一隻羊領導一群狼，狼變成了羊

如果要一隻羊來領導一群狼，那麼只會將狼群的戰鬥力削弱到極點，此時的狼群也不再是狼群，只是一隊羊群而已。

因為「好」同學從小受到傳統的教育，他們沒有勇於冒險的精神，他們走的都是保守路線，所以沒有激情和冒險，最後的結局也只是淹沒在芸芸眾生之中。一隻羊領導一群狼，註定了最後那毫無戰鬥力的結局。

戰國時期，趙國的名將趙奢有一個兒子，名叫趙括。趙括自幼學習兵法，可謂是熟讀兵書，後來就連趙奢都考不倒趙括了，所以當時的趙括自認為是天下無敵。

可是趙奢似乎對此仍不滿意。後來，趙括從母親的口中知道了父親不滿意的原因，原來，趙奢認為打仗是性命攸關的大事，但是在趙括看來，卻好像是再平常不過的小事；如果有朝一日，趙括真做了趙國的將軍，那麼屆時他一定會毀了趙國的軍隊的。

然而，趙括對父親的這項擔憂卻顯得不以為然，他認為自己的兵法學識天下無敵，自己不僅有能力當上將軍，更有能力帶領趙國的軍隊打勝仗。

後來，趙括接替了大將軍廉頗的位置，成為抗秦大將，趙王給了他一隻精銳部隊，要他擊退秦軍。

趙括成為抗秦大將後，覺得終於是自己大展身手的時候了，於是他根據書本上的知識和理論，對軍隊進行全面的改制，不僅更改軍隊原有的紀律和規定，甚至連原來的軍官也全部撤換。

趙括按兵書對軍隊大刀闊斧的改革一事，後來被秦國的將領白起知道了，白起從而斷定，趙括只不過是一個死讀兵書的庸才罷了，根本不足為懼。於是白起調派了一隊人馬，命其在與趙括交手的時候假意被擊敗，然後在趙軍追趕時，再出其不意地回擊，成功截斷趙軍運輸軍糧的道路，將趙軍一分為二，造成趙軍的軍心潰散。

趙軍與秦軍僵持了四十多天後，趙軍的士兵很多都因飢餓而死，無奈之下，趙括帶著最精銳的將士做最後的突圍。戰鬥中，熟讀兵法的趙括被秦軍亂箭射死，趙軍最終全軍覆沒。

這就是歷史上有名的「紙上談兵」的故事。

不可否認，趙括確實是一個勤奮好學又聰明的好學生。可是他的結果如何呢？不但葬送了一支精銳部隊，最後連自己的性命也賠了進去。

這正是一隻羊帶領一群狼的後果。

一支精銳部隊，即是一支虎狼之師，但戰鬥力如何，仍是全賴領導者到底是羊還是狼。如果領導者是一隻羊的話，團隊就很難推陳出新，只會按部就班地依照領導者自以為是的理論來前行，不敢逾越理論半分。

「好」同學喜歡用保守的方式來做事，他們不會想著出奇制勝，然而，在現在這個經濟全球化的時代，「好」同學的行事作風無疑顯得過時了。因為事情都是變幻無常的，我們不能用現有的理論、想法來應對所有的困難。

趙括就是只知照搬兵書上的兵法，從來不知創新，還自以為天下無敵；殊不知世事變幻無常，如果只是一味地墨守成規，那麼最後的結局必定很慘。

果然，最後秦國的大將白起看出了趙括的不足，只用了一個小小的計謀，就將趙軍的糧草給切斷，使得終趙軍最終只落得一個全軍覆沒的下場。

難道是秦軍比趙軍強大嗎？難道是趙國的兵不強、馬不壯嗎？都不是，他們的差別只在於領導者。秦國是由一隻狼帶領著的一支虎狼之師，而趙國卻是由一隻羊帶領的一支虎狼之師，其結果，趙國必然是慘敗的。

章建華研究所剛畢業，因為在自己的專業領域造詣頗深，發表過很多優秀的專業論文，所以他一畢業就被一家知名的大企業相中，高薪聘請為該公司的部門經理。

在剛進公司的時候，章建華憑藉著自己的專業知識，帶領團隊取得了節節高升的好業績，可是時間一久，章建華的管理理念和專業創新卻是一點長進都沒有。一次，章建華的團隊要做一個開發專案的創意，團隊的精英們經過長時間的構思、討論和努力，終於想出一個較為創新又很實用的點子，可是當申報到章建華這裡的時候，卻意外地受到了阻礙，他給的理由是：「缺乏理論依據」。無奈之下，團隊裡的其他人也只得另闢蹊徑，再尋他法，只是後來的方案就都沒有先前的方案出色了。

團隊中有一個新人，只有高中畢業，但憑藉著自己的自學和努力走到了今天，也是第一個方案的創始人。他實在是看不慣章建華那種凡事都要有理論依據的行事作風，所以他直接將最初的方案交給了公司的董事會。果然，董事會對這個方案十分滿意，於是立刻依計劃上市，收益頗豐，可謂是名利雙收。

於是，那個高中生因此受到了重用，而章建華所帶領的團隊則因為缺乏創新，最終被公司勒令解散。

文中的兩個人就是一個很鮮明的對比，「好」同學章建華雖然在進入職場之初，展現了自己的才華，可是他的才華只是由書本的理論所堆積出來的，最終，隨著工作內容的逐漸深入，其欠缺實務操作能力的缺點也日益顯露出來。

在一個構思新穎的方案面前，章建華居然以「理論依據不足」這種僵化的思考方式把新方案貼上否定標籤，試想，有這樣一個領導者領導的團隊，即使隊員再優秀，路也不會走得太遠的。

而與章建華相對比的，就是那個高中生，他雖沒有經歷過專業的培訓，但有更多的實踐經驗，沒有過多理論知識束縛的他，反而能做出更好的創意。

其實，大多數時候，理論只是發揮了一些基本的指導作用而已，它僅是為我們創造和發展的基礎。所以，千萬不要讓理論禁錮了我們的思想！

一個團隊要出色，就絕對離不開一個優秀的領導者，領導者需要有上進心和不怕失敗的精神，需要敢於冒險，更需要有推陳出新、出奇制勝的心態。

所以，一隻羊，是不該來領導一群狼的，否則結果就只能是全軍覆沒。

一隻狼領導一群羊，羊成為了狼

截然相反的情況是，如果由一隻狼來領導一群羊，那麼其結果就會是把這群羊訓練出狼一般的戰鬥力。

狼的本性就是勇敢、征服和勇於冒險，而這些也正是一個優秀的領導者所需要具備的。「壞」同學正是一隻狼：他們從小就經歷了苛責的壓力，卻依舊我行我素；從來不照常理出牌，卻總是能夠出奇制勝；他們永遠都有著用不完的激情和奇思妙想——這些本性，正是成為一個優秀領導者的必備條件。

而最為重要的是，「壞」同學渴望征服他人，不習慣被約束。

卡內基出生於蘇格蘭一個貧困的家庭，他的父親是一個紡織工，而母親則經常靠給人縫補衣服來賺錢以補貼家用。

卡內基在十三歲那年，隨著家人一起移民到了美國的匹茲堡，那時他們的生活是十分清苦的，卡內基在白天給別人做童工，而到了晚上還要去夜校上課，那段時間日子過得十分艱難；所以第二年，卡內基就退學，來到一家電報公司做信差賺錢，補貼家用。

剛成為信差的卡內基對於匹茲堡的路線並不熟悉，隨時面臨被經理辭退的可能，但是卡內基卻在短短的一個星期後靠著自己的努力，熟悉了全城的路線，成為一名出色的信差。在送信的過程中，因為會接觸到各類公司，於是卡內基就一邊送信，一邊學習著每一個公司的經營方式和特點。

後來，卡內基又成為賓州鐵路公司的私人電報員和秘書，靠著這種不達目的絕不甘罷休的「狼」勁，在鐵路公司工作的十幾年間，卡內基從一個小小的電報員，逐漸升為公司西部管區的主任，並且學會了大量的管理技巧。同時由於薪水的提昇，卡內基也有了投資的本錢，因為投資的成功，為卡內基積累了財富；而當時的戰爭，又再度為他創造了賺錢機會。最終，卡內基成為了一個有錢人。

但是，「狼」性十足的卡內基並不滿足於現狀，後來他辭去了鐵路公司的職務，和別人一起開創了卡內基科爾曼聯合鋼鐵廠。

之後的事情，我們就非常熟悉了，卡內基的鋼鐵公司發展速度非常快速，成為了當時世界上最大的鋼鐵公司，一年出產鋼鐵總量比英國一個國家的總量還要多。一時間，卡內基幾乎壟斷了美國當時的鋼鐵市場。

卡內基並沒有讀過多少書，很小的時候就被迫退學去掙錢維持生計，可是他並沒有因此自暴自棄，反而用自己的所見所聞，不斷地去積累知識和經驗，最終憑藉著敏銳的眼光和獨特的判斷力，以及不畏懼失敗的冒險精神，成為了名副其實的鋼鐵大王。

卡內基有著自己獨到的眼光和見解，並不會一味地照抄他人的經驗，他懂得「成功是不可以複製」的道理，他也從來不想重複走別人的老路；他有敏銳的觀察力，所以，他在合適的時間，毅然決然地放棄了自己舒適安逸的工作和生活，轉投到鋼鐵產業中。

可以想像，卡內基當時也一定是扛著非常大的壓力，但是他堅持住了沒有放棄，所以卡內基才能成為「鋼鐵大王」；並且在退休後，用自己的財富做慈善，造福了更多的人和事。

卡內基就是一隻狼，平時積攢能量，待時機一成熟，他就會立刻掙脫束縛，去開創屬於自己的天地。他自始至終沒有過一絲一毫的鬆懈，因為他清楚知道自己沒有機會去鬆懈，只能一直不停向前，最終，他帶領自己的團隊走到了事業的頂峰——他就是一隻帶領著羊群的狼，他憑藉自己的感染力和努力，讓這群羊成為一群有戰鬥力的「狼」。

「壞」同學就是一隻狼，他們不僅能憑著「狼的本性」，為自己開創一片新天地，也可以帶領著一群羊，打出一場漂亮的勝仗！

劉鑫華在學生時代常蹺課、打架，是個老師眼中標準的壞學生。因為受不了學校的管束，所以他國中一畢業就退了學，經過幾年的摸索和自學，在電子產業領域慢慢有了立足之地。

因為不滿前公司對自己的輕視，鑫華決定實現自己人生的下一個目標：創業！

他一直都夢想有一個真正屬於自己的公司，有機會可以將之前一些好的創意一一地實現。因為這幾年來的打拚，鑫華也積攢了一部分資金，再加上家人的資助，鑫華註冊了一間小公司。

剛開始，公司只有五個人，可是鑫華並沒有覺得自己的公司小，他認為只要能夠將客戶的產品做好，有了好口碑，一定會有更進一步的發展。他經常告訴員工們說：「我最喜歡一句話，那就是『心有多大，舞臺就有多大』，公司鼓勵你們完全發揮想像力和創造力，有什麼好的想法就儘管提。無論這個世界上的東西再怎麼先進，還不都是人創造出來的嘛！」

在鑫華的想像力和創造力的帶領下，公司的員工對於當時的很多電子產品都做出了革新，隨著客戶的增多，鑫華的公司名聲漸盛，收益也越來越多。後來，劉鑫華又進一步擴大公司規模，而即使公司的規模已然增大數倍，鑫華依舊還是始終堅持著一個原則，那就是：發揮你的想像力和創造力！

領導者的思維決定團隊的思維，所以一個團隊的戰鬥力往往取決於它擁有一個什麼樣的領導者。

劉鑫華正是想從一成不變、死氣沉沉的規矩中逃脫，去完全展開想像力和創造力，才創辦了屬於自己的公司，於是他始終鼓勵自己的員工不要墨守成規。劉鑫華的公司規模一開始很小，員工也不是電子產業中的精英，可就是這麼幾個不算精英的人，卻和劉鑫華一起開創出了一個奇跡，不得不說：領導的力量和影響是無窮的！

這就是領導者的偉大之處，劉鑫華從來都不禁錮員工的想法，因為他清楚，只有無窮的想像才能創造出偉大的事業。所以是劉鑫華用自己的「放手」，將一群「羊」訓練成為一群來勢兇猛的「狼」。

正是有了一隻狼領導了羊群，才賦予了羊群們狼一般的戰鬥力！

「好」「壞」對比分析

◆「好」同學做領導，就像是一隻羊帶領著一群狼，在競爭如此激烈的現代社會中，其結局是不樂觀的；因為一個具有羊一般性格的領導者，會給予自己團隊的也只是羊的溫順和墨守成規，他們很可能會因為缺乏想像力、創造力、以及沒有冒險精神，而使得自己的才思日益枯竭。

◆「壞」同學做領導，恰如一隻來勢兇猛的狼帶領著一群溫順的羊，狼不會滿意於羊群的溫順，因為領導者要的並不僅僅是員工的「零創新」和一味順從，否則他們大可用機器人來代替員工；狼性領導者真正想要的，是員工自身擁有的想像力和創造力！所以，最終溫順的羊群會被一頭狼訓練成為具備戰鬥力的狼群！

◆「好」同學因為會固守羊的本性，領導不了一群狼，所以，他們往往扮演的是好下屬、好助手。

◆「壞」同學擁有狼的性情，他們能夠將羊群訓練出狼一般的戰鬥力，所以，「壞」同學更適合做領導者！

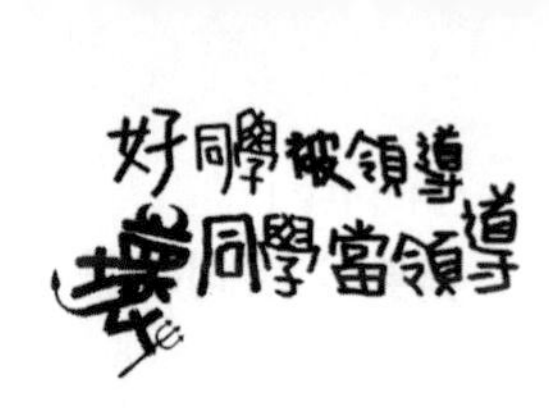

Part3 野心

荒野中的一匹狼

狼在人們的印象中代表著桀驁不馴、殘暴貪婪、野心勃勃。人們在研究中悟出一種狼性文化，其實狼的野心和拚搏精神，有時候可以作為人類學習和追求的一種境界。

狼天性喜好自由，不會滿足於眼前的環境，等到時機成熟，牠一定會擺脫現狀，尋找更加廣闊的草原，追逐更大的天地。

「壞」同學就像野心勃勃的狼，不會滿足於當前的一片天地，他們樂於去追求、去實現更大的目標和願望。那麼為什麼「壞」同學會有狼的這種野心和衝勁呢？

其中最重要的原因，就是因為「壞」同學不像「好」同學那樣容易被一些想法和知識給制約，他們往往更具有開拓精神和永不滿足地追求夢想的動力，所以他們總是將自己的眼光放得更長遠，通過自己的拚搏和上進獲得成功。

不論是在「壞」同學身上，還是在「壞」同學領導和經營的企業中，我們都能看到這種狼性文化所濃縮的遠大目標和志向的影子。它是一種催化劑，一直不斷激勵和鼓舞「壞」同學領導著他的企業向世界的最前端和時代的最前線邁進。

一九三八年，李秉喆在韓國成立了三星商會，這時候的三星，只不過是個賣賣乾魚、蔬果的小公司，短短二十年間，李秉喆受到戰爭影響，甚至曾落得破產的命運。一九五〇年，李秉喆再接再厲，重開三星物產，並擴大原有的經營規模，將觸角擴展到製糖、紡織等，建立了後期三星帝國的雛形。

一九六八年，三星因應韓國政府振興電子業的八年計畫，於一九六九年和日本三洋合資開辦了三星電子，這時候的三星才初入電子業，只能稱得上是幫三洋公司打雜的小弟，對於更深一步的電子產業發展根本還不敢妄想。一九七四年，李秉喆三子李健熙這麼告訴他爸爸說：「爸，就算是只有我一個人，也要試試。」於後，他收購了美商投資於韓國的半導體公司，奠定三星日後電子霸權的基礎。

一九八七年，李秉喆過世，李健熙接任了三星集團會長的職務，五年後，三星開始往世界的舞台邁步。一開始，李健熙到各個賣場搜集世界各國知名品牌的電子商品，然後自行拆解、研究、重新組裝，從中審視自家商品的優缺點。接著，他發布了《新經營宣言》，他要當時負債高達一百七十億圓的三星重新振作，澈底改革，從質變到量變，從員工到管理階層，所有不達標準、倡言反對的商品、員工，全部一律汰換。鐵腕的他當時曾這麼表示：「除了老婆孩子一切都要變！」

在這強大而野性的力量下，如今的李健熙，帶領三星集團躋身世界五大集團之列，更名列世界前三十五大經濟體，其經濟實力甚至強過阿根廷這樣一個國家。

有人說，李健熙不過是「時勢造英雄」，他的成功是來自於政府的大力扶持。但作為英雄最基本的一點，就是要有野心勃勃的胸懷和壯志，要有不顧一切的強大執行力；李健熙的成功，很大一部分的原因是來自於他的野心和壯志。就像他說的：「除了老婆孩子一切都要變！」，有了這種強大的決心，又有什麼樣的困難能夠難倒他呢。

假如當時他輕易就被一百七十億的債務嚇倒，假如當時他因下屬反對他的大破大立而退縮，那麼，如今就不會有稱霸全球的三星集團。正是他的狂傲與魄力，才使他打開了世界的大門，使自己的事業站上了頂峰。

「壞」同學自身往往會具有天不怕地不怕，捨我其誰的豪情壯志和勃勃野心，這恰恰符合了作為一個領導者所應該具有的狼性特質，所以他們更容易在事業和夢想的追求中取得成功，並且成為大家眼中的領導人物。

當蔡亮平讀到大學三年級的時候，他漸漸地意識到電子商務在當今時代越來越重要的意義，於是他毅然決然地放棄了學業，專心地開始在網路上做生意。

他利用自己以前註冊的網拍帳號，重新規劃了一些需要賣的商品。他發現，因工作壓力過大而根本沒有時間逛街的上班族不在少數，所以針對這樣的客戶群有著很大的開發空間。另外以自己的經驗來說，女大學生也是一個很有潛力的消費族群，儘管她們相對於上班族有比較多的時間，但卻比較沒有錢，所以相對於實體商品來說比較實惠和便宜的網路商品便容易得到她們的青睞。

於是亮平就將這兩大族群視為自己的主要客源。

亮平主要做的是關於女裝、飾品和配飾等方面的生意。他的拍賣網站設計得非常吸引人，產品介紹得很清楚詳細。不到兩年的時間內，他就在自己該拍賣網站中創下了新紀錄，贏得很好的信譽和口碑，當然也為他賺進不少錢。

但是，亮平並不滿足於現況，他考慮到自己雖然能夠掙到一部分錢，但是還有很多時間都浪費掉了，所以他決定等自己積累下更多的資本和經驗後開一家實體店面，這樣自己就可以雙管齊下，賺到兩份錢。

就在年底，亮平清算了一下自己的資金，基本上已經可以租下一個店面了，於是他說做就做，親自參與了實體店面的設計和規劃，新批了一批頗有市場口碑的服裝來賣，另外還聘了一個工讀生來協助自己。

到目前為止，亮平每天的收入與同類商家相比，已經是他人的三倍了。儘管工作起來比較累，但是他絲毫沒有疲憊，他告誡自己：「自己的夢想不能禁錮在這樣一個小的店面裡，他要創立一個規模更大，服務更加周全的服飾店，只有這樣自己才能在服飾這個行業闖出一番名堂，打出一片天下。」

蔡亮平在沒有唸完大學的情況下，他的這種魄力是很值得佩服的。當他的網拍事業取得一定成就、獲得收益後，他並沒有滿足，而是選擇將自己所積累的資金拿來繼續擴展事業——開一家實體服飾店。隨著客源的不斷增加和信譽口碑的建立，蔡亮平還決定在原有的基礎上使自己的服飾店更加具有全面性。

這就是「壞」同學蔡亮平坐上老闆的位置，成為一名領導者的過程。當然我們並不推崇這種中途放棄學業，轉向商海的行為；只是通過蔡亮平的行為和經歷說明一個道理：「壞」同學往往具有很強大的野心和抱負，他們不會屈就於眼下的一些小成就，而會等到時機成熟，去挑戰更大的困難、追逐更大的成功。就像草原上流浪的狼，他的天下不僅僅是眼前的一方土地，而是整個草原。

從「壞」同學的身上我們可以看到，他們大多具有領導型人物應該具有的那種魄力和野心，他們的夢想隨著自己的成長和發展一直在延伸，這就是為什麼有些「壞」同學在他人看來已經達到成功的極限時，他還一如既往地給自己加油，給自己充電的原因。

羊易生感情，越養越捨不得走

羊是一種比較溫順、善良、膽小的動物，與狼的野性和殘暴相比，在牠們的身上往往有一種任勞任怨，忠實、安於現狀，甚至是怯懦的性格。

相對於「壞」同學是狼，「好」同學則更像羊，為什麼呢？

首先，羊容易對一個地方和事物產生一種很強的依賴感和感情，所以會把自己侷限在一個狹小的天地裡；「好」同學大多也具有這種性格，他們一旦找到了一個工作或者在某一個領域習慣了，就漸漸地喪失繼續向外拓寬和發展的勇氣和動力。

其次，「好」同學大多安於現狀，他們過度追求這種安穩和平靜，卻往往忽視自己的身邊有可能是危機四伏。

最後，像羊的柔弱和老實一樣，「好」同學也往往缺乏領導的魄力和威嚴，他們總是給人一種想要被別人保護的樣子，所以很難樹立起自己的威望，更不容易得到他人的信任和擁護。

這就是有些「好」同學為什麼一直屈就於一方天地，沒有野心，無法實現作為一個領導者夢想的原因。

張冠揚和張冠帆是一對雙胞胎兄弟，兩人的外貌看上去很相似，但是兩人的性格卻截然相反。哥哥冠揚從小就是大家讚譽的對象，他每次考試都是班上前幾名，並且還得過很多獎狀；但弟弟冠帆在大家眼中則是一個調皮搗蛋鬼，總是給父母招惹一些麻煩。時過境遷，長大後的兩人卻完全呈現出讓大家匪夷所思的現狀。

張冠帆五專畢業後，直接走上了創業的道路。當時他的家鄉正準備全力發展觀光產業，於是張冠帆看到了商機，買下一艘供遊客旅遊觀光的客船，這只是他創業的初步計畫；隨著當地旅遊業的發展，遊客人數逐漸增多，冠帆又開始經營民宿，在旅遊旺季的時候，他忙著招待遊客；而到淡季無事可做時，冠帆另外又承包了一片果園，做起水果生意。

通過不斷努力，冠帆在當地已成為一個創業致富的名人，現在他自己招聘大量的員工，自己只負責整體規劃和管理，至於繁雜的事物則全交由員工去處理。完全成了一個名副其實的大老闆。

但是「好」同學哥哥張冠揚卻沒有這麼風光無限了。冠揚當初很順利地考上了一所知名大學，在大學中也是一個深受教授器重的好學生；畢業後，冠揚應聘到一家證券公司，如今已經兩年過去了，冠揚的工作趨向於穩定。他每天朝九晚五地按時上下班，雖然不需要擔心自己工作中會出現什麼差錯，薪水也穩定，但是他不得不面對一個問題：那就是每個月的房貸，還有最近剛買的一輛車子也需要還貸款了。

張冠揚最近為這個問題煩惱，一方面是來自於家庭的壓力，另一方面還有來自於父母不停的施壓。

冠帆看哥哥面對的壓力這麼大，於是就勸冠揚換個工作，或者和自己一起創業。但是冠揚並沒有打算放棄自己已經做了這麼長時間的工作，儘管他沒有高薪，甚至也沒有大前途，但是它穩定、安全。

冠帆對此很納悶，說道：「你以前不是很有雄心壯志的嗎？怎麼現在不敢去嘗試和挑戰新事物了呢？」

冠揚回答道：「我只是不敢輕易放棄我費了這麼多心血才好不容易換來的穩定工作，況且我還不能確定，辭掉這個工作後，我還能不能找到比這個更好的工作？萬一創業失敗的話，那我不就賠了夫人又折兵嗎？」

冠帆看哥哥這麼固執、優柔寡斷，也不好再說什麼，只是很無奈地搖搖頭。

就這樣，「好」同學張冠揚對自己的工作產生了很強的依賴感，他不願意輕易冒險嘗試新的工作來改變自己的生活現狀。看著弟弟如今比自己生活得要好，他也只是悄悄地安慰自己：「這個穩定的工作至少可以讓我不必擔心失業或者承受風險，還房貸的事情終究會解決的。」

最終，張冠揚還是停留在自己的工作位置上，沒有離開，在穩定中卻承受著來自生活和家庭的壓力。

五專畢業的弟弟竟然比頂尖大學畢業的哥哥年收入要多得多，當弟弟當上了老闆時，哥哥還只是一個每月都要擔心房貸的房奴。為什麼會是這樣的一種狀況呢？

「好」同學哥哥對自己的工作產生了依戀，他太過於追求安穩，有一種安於現狀的心態，他在這種平靜的工作中漸漸失去了原本的勃勃野心和豪情壯志，不敢輕易去嘗試和挑戰新的事物，所以，最終使自己不得不面臨來自生活的沉重壓力；而弟弟卻相反，他野心很大，不僅把握住觀光業的大好時機，還發展了經濟果園，這大大推進了他成為大老闆的步伐。

從這個例子我們可以看出，大多數「好」同學在步入社會後，很容易習慣和依賴上一份工作，並且有一種沉湎於安穩的心態，這恰恰成為他們事業成功路上的最大絆腳石。

所以作為「好」同學，應該摒棄自身那種安於現狀，缺乏上進心的心態，拿出自身的豪情壯志，投身到工作中，充分地施展自己的才華和能力，進而創造更輝煌的人生；因為沒有哪個公司會欣賞那些沒有一點野心和抱負的員工，即便你現在有一份穩定的工作，也難保你將來會一直擁有這份工作。

在印度有一個高學歷的老者，在他步入老年以後，已經創辦了一間很大的公司，自己的身價已遠遠超過億了。回顧自己的成長歷程，這個老人感觸萬千。五十年前的老人，那時還是一個年輕的小夥子，他大學畢業後進入了一家工廠，當一名普通的勞工，對於當時的社會來說，他的工作和境遇已經算是不錯的了，他當時對自己的現狀也比較滿意，而且越來越依賴自己的這份工作，並不想去試著改變，或者離開另找一份更加有前途的工作。

直到有一次，他因為散漫和不思進取而讓工廠因此造成了損失，老闆嚴厲地批評道：「像你這種一點鬥志和上進心都沒有的人，是永遠不會出頭天的！」

老闆的訓斥深深地打擊了這個年輕人的自尊心，也使他澈底地領悟到，自己絕不能讓老闆的責備成為現實。於是他立即辭職，重新找了一份更加適合自己、更加具有發展前途的工作。

這次，年輕人不再拿自己的高學歷做護身符，而是靠自己的野心和抱負，一直激勵著自己不斷向自己所設定的目標前進。

這次年輕人所從事的銷售工作，主要是給客戶推銷一些名家的畫作或者書籍。他給自己制訂每個階段不同的目標和計畫，並按照自己的目標一步步地去實踐、去打拚。他當時最大的野心，就是要讓自己成為印度最強大的推銷員，並希望能成為領導印度銷售領域的最有影響力推銷員。

經過多年努力，他最終實現了自己的夢想，並且創辦一間私人公司，領導一大批具有推銷潛力的員工。

當這個年輕人最終進入遲暮之年後，他也面臨著生命的結束。一次，他染上了風寒，從此臥床不起，在他的遺囑裡他附上了一個問題，並表示在自己死後，如果有人能正確回答這個問題，將可得到十萬元獎金。

在老人去世後，印度一家報社刊載了這個遺囑裡的問題，問題是：「你認為，一個平凡的人最不能缺少的是什麼？」這個問題一經刊登，便有很多的人前來回答。

有的人認為是自信、有的人認為是善良、有的人認為是真誠，還有的人認為是能養活自己和全家的專業技術……總之，大家的回答各有千秋，各不相同。

最終在老人過世後的一週年時，報紙終於公布了這個問題的答案：「野心」。

頓時所有平凡的人都恍然大悟了……

這個推銷界領袖原本是一個高學歷的人，但是他太滿足於自己當時的工作，沒有一點想要改變的野心和抱負；幸運的是，老闆的一頓臭罵，讓他如夢初醒，了解到自己不能在這樣黑暗的小工廠中埋葬掉自己的人生。於是他學會改變自己，給自己的人生重新定義，做出一個新的規劃和目標。最終，在這種野心和夢想的刺激鼓舞下取得了很大的成就。

對於他最後在遺囑裡提到的那個「你認為，一個平凡的人最不能缺少的是什麼？」的問題，發人省思。為什麼平凡的人只能成為普通人？原因就在於他們沒有野心，沒有敢於突破自己去追求更廣闊天空的決心和勇氣，只是像一隻溫順的羊一樣，容易對眼前的事物產生依賴和感情，容易滿足，所以很難取得更大的成就。

大多數「好」同學就具有羊的這種性格，習慣於溫順和安定的生活狀態，缺乏不斷拓展的野心和豪情壯志，所以只能一直被侷限和禁錮在一方天地，找不到更加遙遠和廣闊的生存與發展空間。

「好」「壞」對比分析

◆狼是一種有野心、有追求的動物。牠把整個草原都當做自己要追逐和征服的天下，所以牠能成為草原上的王者。

◆羊是一種溫順的，安於現狀的動物。牠很容易被眼前的青草地所誘惑，從而停止繼續向遠方奔跑的腳步，所以牠永遠無法成為草原上具有競爭力、有野心的王者。

◆「壞」同學就像野心勃勃的狼，總是將自己的目標和夢想定得高遠、遼闊。他們總是有一種捨我其誰的凌雲壯志和豪邁情懷，所以很容易獲得人們的信賴和欽佩，走上領導者位置的機率通常也較高。

◆「好」同學就像草原上的羊，溫順、謙遜、沒有攻擊性，但正是這種性格決定了「好」同學在事業中容易陷入一種穩定甚至是死寂的狀態，從而漸漸失去追求更高遠目標的動力和野心。從「好」同學和「壞」同學的野心對比來看，「壞」同學具有更加高遠的野心和凌雲壯志，他們往往會在事業追求中突破自己，把握時機，走向領導者的位置；而「好」同學往往安於現狀，很容易滿足於眼前的成績，導致事業停滯不前，很難突破自身和獲得提升。

Part4 志向

每匹狼都嚮往「狼王夢」

《狼王夢》是一部記載著屈辱、血汗和淚水的劇作：是一個不斷追求的旅途。那些最終成為狼中之王的狼，必定是一匹不怕苦難、堅韌不拔、勇往直前的狼。

「壞」同學心中大多都有一個「狼王夢」，他們就像奔跑在大草原上的狼群，為著自己夢中的天堂永不止步；當然，在這個實現夢想的過程中，他們需要面對許多的艱難困苦以及淒風苦雨，但是他們始終不肯妥協，而是義無反顧地向前挺進，即便早已遍體鱗傷，也毫不退縮。

這就是「壞」同學能夠走向成功並最終成為企業領袖或者領導者的重要原因。

試想那些沒有高學歷、沒有顯赫家庭背景的企業家都是怎樣譜寫這部苦難史和成功史的？除了不斷地與命運對抗，努力打拚，難道還有什麼捷徑嗎？

從眾多的成功企業家中，我們可以看到，他們大多數人的起點是很低的，但是，他們都靠著為自己的夢想與不斷對抗打拚的精神，最終創造了非凡的輝煌業績。

「老干媽」辣椒醬的創始人陶華碧就用自己的成功史，向我們詮釋了「狼王夢」的真正內涵。

陶華碧出生在貴州省湄潭縣一個閉塞偏僻的小山村，由於家境貧寒，她從未接受過任何正規教育。結婚後不久，她的丈夫不幸病逝，留給她的是兩個兒子及沉重的家庭負擔，但是，這一切並沒有讓陶華碧從此一蹶不振，相反地，她暗暗告訴自己：即使再苦再難，也要把自己的家撐起來。

就這樣，陶華碧開始了自己的創業之路。

她先是在貴陽市南明區的一條街上開了一家專賣涼麵和涼粉的小餐館。為了給自己的涼粉調製佐料，她自製了辣椒醬；沒有想到，她製作的調味料卻意外地替生意帶來特別的效果，竟然還有人專門來向她購買這種辣椒醬。後來，隨著越來越多的人來向她購買辣椒醬，她似乎從中看到辣椒醬的潛在市場。

她決定關閉涼粉店，全心全意地製作和專賣辣椒醬。

但是，對於創業初期的陶華碧來說，她根本沒有充足的創業資金，更請不來員工。前期她都靠自己一個人的力量在堅持、在打拚。搗辣椒的時候很會辣眼睛，她強忍著眼睛的疼痛，加班地趕製產品。

在辣椒醬的銷售過程中，由於賣涼粉的人畢竟是少數，她就親自背著背簍到各地去推銷。在她的堅持下，這種挨家挨戶推銷的方法效果還不錯，最終讓她迎來了希望。等到辣椒醬的生意越做越好的時候，陶華碧建立了自己的工廠，招收專門的師傅和員工來製作、銷售。當工廠的規模逐漸擴大、生意變得更加興隆的時候，陶華碧也沒有絲毫的懈怠和倦意，她還是堅持前往工廠，甚至連晚上都還直接睡在工廠裡頭，用她的話說就是：「聽不見製作辣椒醬瓶瓶罐罐的聲響我會睡不著。」

為了自己的辣椒醬事業，陶華碧付出了極大的心血和努力，吃了很多的苦，遇到很大的挫折。但是，她堅信自己製作的辣椒醬風味獨特、品質安全可靠，一定會打出一片天下，走出貴州，走向全亞洲。

就是在這個夢想和信念的激勵下，陶華碧面對困難，即使被打得遍體鱗傷、身心俱疲，她也沒有放棄，而是咬緊牙關、勇往直前，最終使「老干媽」的名字響徹在兩岸三地間，在每個熱愛辣椒醬的人心底留下烙印。

陶華碧從未進過學校，甚至連自己的名字也不會寫，但是她卻將自己製作的辣椒醬推廣到兩岸三地，成為人們心中親切可愛的「老干媽」。

那麼，究竟是什麼促成了陶華碧的「狼王夢」實現呢？

從故事中我們可以看出，除了她製作的辣椒醬味道獨特、深受人們喜愛外，還有一個重要的原因：那就是陶華碧在創辦「老干媽」這個品牌的時候，不停地與困難、現實挑戰的精神。

為了推銷辣椒醬，她可以忍受一天只睡兩個小時的勞累；為了搗辣椒，她也可以強忍辣椒粉的辛辣。正是這些創業中的艱辛和困苦，讓陶華碧一次次地去嘗試，去挑戰。

幸運的是，她成功了，她用自己的努力和打拚精神向世人證明了自己的產品，同時也證明了她自身的魅力。

其實，陶華碧代表了「壞」同學中很大一部分的人，他們沒有學歷，但是他們有一種堅強和不斷抗爭的優秀特質，即使面前有一座高山，有一條大河，他們也有勇氣和毅力跨越過去。

趙晨是某電腦公司的總裁，這個只有高中學歷、令人頭疼的「壞」同學，是怎樣走向總裁的位置？如何成為一個商界精英的呢？

這要從趙晨艱苦的創業經歷說起。高中畢業後的趙晨，喜歡整天泡在網咖裡，流覽著各類網站，從中吸取資訊與消息，漸漸地，趙晨對製作各種網站很感興趣，他開始跟著網上的一些視訊教學開始學習一些軟體和程式設計的製作。

有一次，他從一個網站上看到一些關於開發網站創業的廣告，當時就萌生了想要創業的念頭。他向父母講明自己的想法，但是父母卻覺得他在學校中並沒有好好學習，還想在電腦方面幹出一番大事業，簡直是胡鬧，所以並不看好他，因此也沒有給予他實質性的幫助和支持。

當時一心想幹出一番大事業的趙晨並不理會父母及其他人的不信任，一個人開始了他自己的創業計畫。

對於一個完全沒有技術、資金和經驗的創業新手來說，趙晨的起步是很艱難的。他通過借錢籌集了一部分資金，在故鄉一條並不繁華的街上租了一間房子作為他創業的根據地。剛開始就他一個人，他把自己的電腦軟體都放在自己的網站上，等待他人的點擊和造訪；但創業確實沒有趙晨想像得那麼容易，他的網站點擊率並不高，並且真正有諮詢或合作意向的人也不多。趙晨陷入了創業的沼澤中，開始一段艱困的奮鬥歷程。

趙晨沒日沒夜地尋找問題的癥結點，尋找新的解決方案和建立自己網站的獨特性。經過一段時間的反思和研究，他覺得發展不順利的主要原因是故鄉當地的經濟效應不佳，他決定轉戰大城市，前往科技人員眾多和資訊發達的大城市工作也許會進展得順利一點。

他在大城市中租了一間辦公室，並招聘幾個技術人員和自己一起奮鬥。剛開始時，根本沒錢可賺，昂貴的房租、電費和員工開支卻成為趙晨首先必須解決的事情。但這並沒有阻礙趙晨對自己創業的熱情和執著，他每天省吃儉用，還非常熱情地出去尋找客戶，經過幾個月的努力，他們網站的造訪量逐漸增加，並有一些商家開始打電話給他諮詢見面，終於，他賺到了創業道路上的第一桶金。

這第一桶金打響了趙晨創業的第一炮，他的創業之路也因此步入了正軌。儘管以後在經營公司的道路上趙晨依然遇見很多問題，但他都始終堅持著扛過來了，用自己今天過億的身家向人們證明自己的能力，實現了自己的「狼王夢」。

有這樣一句話：「成功是一種除臭劑，它可以除去你身上過去的味道。」趙晨做到了！他用自己創業的成功洗去了自己身上原本「壞」同學的標籤，用自己總裁的身分覆蓋了曾經在他人眼中沒有作為的印象。

在這條艱難困苦的創業道路上，只有高中文化程度的趙晨能夠做得如此成功，其背後所付出的汗水和努力也是可想而知的。但這就是趙晨成功的關鍵因素，他始終懷著自己心中的「狼王夢」，即使遇見再大的困難、再多的苦痛，他依然憧憬著自己眼前的目標，最終使自己的公司越做越大。

假如趙晨在第一次失敗時，就放棄思考原因，那麼他就有可能真的失敗；但是他沒有那樣做，而是選擇新的戰場，並且靠著強大的韌勁和毅力，最終使自己走到了總裁的位置。

從低學歷到最終成為大公司總裁的「壞」同學趙晨向我們揭示了一個重要道理：那就是「壞」同學儘管學歷低，但是意志力和進取心特別大！即使前面的艱難險阻再多，他們依舊會像敢衝敢闖的狼一樣，為自己的草原天下之夢而不斷奔跑、不斷追趕。

每隻羊都做「享受夢」

每隻羊大多都有一個享受夢，他們一旦發現一片水草豐美的草地，就會在那裡長久地停留，不再去遠方尋找更多的青草。他們的眼光和目標只在眼下，並非一望無際的草原，這就是羊的「享受夢」。

就像科學家們曾經做過的一個實驗：把一條魚放進一個盛滿涼水的鍋中，然後用小火煮水；裡頭的魚只知道自己現在正身處於一片涼水中，並沒有意識到危險馬上就會來臨，牠依然在水中搖著尾巴怡然自得地漫遊著，享受著水的清涼；隨著水的溫度逐漸升高，魚才終於意識到自己享受的時間已經到期了，現在必須面對的已然是生死交關的片刻，求生的希望早就已經遠去。

其實，現實生活中有許多「好」同學就像這隻羊、這條魚，大多追求的是一種享受夢。一旦取得點成就，就開始大大地享受，不再去考慮隨時可能要面臨的危險和挑戰，很容易被他人所超越，所打敗。

對於「好」同學來說，要有一種憂患和危機意識，不要過度地沉浸在享受之中，而應該有一種永不滿足和奮力拚搏的精神，只有這樣才能保證不會上演像鍋中之魚的悲劇。對於那些步入職場的新人或者剛取得事業成就的人來說尤其如此，不能讓眼前的鮮豔光環蒙蔽了自己的雙眼，阻礙繼續前進的腳步。

姜明恭如今面臨著事業上的一個極大瓶頸，自己的英語水準太低，達不到對方的標準。

提到明恭的英語水準，其實有一個機會，但是他沒有把握住。

大學畢業後，靠著優異的學業成績，姜明恭被目前所在的公司直接錄用。在進入這家公司後，明恭剛開始從事的只是一名業務員的工作，但是他的銷售業務溝通能力非常強，在不到三年的時間裡就被提拔為銷售部主管，第四年又被提拔為營銷部經理。明恭也被公司裡的老闆越來越器重，可以說是公司重點培植的對象。

明恭本身也對自己的表現非常滿意，他也沒有料到自己會這麼快速取得如此傲人的成績。在他被提拔為營銷部經理後沒多久，公司裡舉辦了一場英語學習和培訓的課程。老闆說，這個培訓只是公司免費給大家提供深造的機會，不強求，想參加的可以參加，不願參加也不勉強。

明恭在大學時期專攻的是市場行銷，儘管學科成績非常好，但是對於英語卻沒不特別在行，只能說是一般水準。他當時認為英語在自己的工作範圍內其實也並不十分適用和重要，況且自己目前已經做得這麼成功，根本不必擔心這件小事情，於是明恭就沒有把這次培訓和學習的機會當做一回事，輕描淡寫地就過去了。

姜明恭繼續享受著自己升任營銷部經理後的優厚待遇，有空閒時間就出去和一幫朋友吃喝玩樂，漸漸地就滋生了一種享受生活、安於現狀的心態。

隨著業務的擴展，公司準備與一家外商公司展開合作，他們共同投資建立了一個新的分公司，並且正在招聘新的銷售總監。

能夠成為這家大公司的銷售總監一直是姜明恭的夢想，他不想失去這個機會，於是他向公司提出了申請，希望自己能有機會可以實現自己長久以來的目標。公司也確實批准了他的申請，允許他參與競爭。

由於自己平時的業務做得突出，明恭信心百倍地去分公司面試，但令他吃驚的是，這個分公司從事的主要業務是與外國人員打交道的工作，特別是銷售總監這個職位，經常要面對一些國外的朋友和商務人士。如果是文件、資料什麼的，還可以交給助理去做，但是真正的口語交流和應對溝通卻無法如此，於是，英語能力如今卻成了明恭的劣勢。

面試的結果，對方以他英語水準太低、溝通能力太差而拒絕了他。這讓原本信心十足的明恭深感遺憾，回想起自己原本是有機會能提昇自己的英語能力的，但就因為自己只顧享受而沒有抓住。如今，雖然明恭非常後悔，但是補救已經來不及了，他只能眼睜睜地看著原本可以抓住的機會悄悄溜走……

姜明恭會痛失銷售總監的職位，與其說是他的英語水準太低，倒不如說是他沉迷於享受安樂、缺乏為危機做準備的態度所造成的。

當姜明恭晉升到營銷部經理的時候，他就開始自我滿足，飄飄然了，對於公司的英語培訓並不放在心上，以至於最後錯失良機，在最終的面試中被淘汰。假如當時，他能夠抓住學習英語的機會，提升自己的英語水準，再加上他先前的銷售和管理能力，走向銷售總監的位置不是難事。但他偏偏就是因為這一點，使他的事業升遷遭遇了極大困難。

從案例中，我們可以看到，以姜明恭為代表的一部分「好」同學普遍存在著這種像羊一樣的「享受夢」心理和態度，他們一旦達到某種高度，就會沾沾自喜、停滯不前，忘卻外在環境可能出現的危險和挑戰。他們最終會被出其不意的競爭所打敗，甚至被淘汰，給自己的事業造成重大的創傷。

對於「好」同學而言，應該具備一種「生於憂患，死於安樂」的精神，不要過度地沉迷於短暫的成功，要懂得隨時抽身離開，重新踏上自己的征途，不斷地為更高的目標和理想前進。

從這個例子中我們可以看出，「好」同學往往會有一種趨於自我滿足和安於現狀的心理，他們大多會因為眼前的一點成績就停滯不前，中斷了自己更加長遠的事業道路。「好」同學應該儘早地認識這一點，將自己的目標定得更加遠大，並一直堅持和追求下去，而不是在半途因為得到了一點好成績就停滯不前。

「好」「壞」對比分析

◆狼的夢想是整個草原，所以一直在不停的追尋和奔跑，這也是它最終能夠成為狼王的重要原因。

◆羊往往會滿足於一方天地，因此它的眼光比較短淺，會把自己迷失在暫時的成功和喜悅中，最終往往會成為狼的獵物。

◆「壞」同學具有狼一樣的性格，百折不撓、鍥而不捨、胸懷天地，所以「壞」同學在奮鬥的過程中一直向著最高遠的理想和目標前進；「好」同學就像容易安於現狀的羊，對自己取得的成功和進步很容易滿足，在不經意間就被突襲而來的危機所破壞甚至是扼殺。

◆每一隻狼都有一個自己夢想中的王國和天下，「壞」同學同樣也擁有屬於自己的夢想之都，即便是要接受再多的磨難與傷痛他們也敢於義無反顧地去追尋在他人看來無法企及的夢想，而「好」同學恰恰相反，他們對自己的王國和天下沒有太長遠的定義，一個穩定的工作，一個職位的晉升就可以讓他們滿足，他們習慣於這種隨遇而安，喜歡享受生活時的短暫與直接，所以，他們的事業和夢想很難達到像「壞」同學所渴望的高度和深度，這也就註定了他們只能在低處仰望「壞」同學，在下屬的角色中徘徊。

Part5 生存

狼：「來吧，生存就是場戰鬥！」

狼，來自於大自然，又受困於大自然。

狼是肉食動物，它需要在不停地追趕和奔波中才能獲得食物，獲得生存下去的力量。這種艱難的生存環境，決定了狼需要在與生物的追趕和廝殺中，不斷地與大自然作對抗才能求得生存的機會。

對於「壞」同學來說，他們一般出身不好、學歷不高，在這個競爭如此激烈的社會，想要獲得生存和發展的機會更難；所以，他們與狼的生存環境有幾分相似，也不得不靠著自己的拚鬥，才能開闢出一片屬於自己的天地。

當「壞」同學與「好」同學處於同一起跑線時，「好」同學或許在硬體設備上比「壞」同學占據優勢，所以「好」同學反而較為缺乏突破自我的機會；相反地，「壞」同學只有不斷投入到戰鬥中，才能真正把握住機遇，突破自我，實現自己的夢想。

鴻海集團的董事長，郭台銘，就是一匹與夢想、與市場做戰鬥的狼。

郭台銘的出身並不好，由於家境貧寒，他在學期間不得不半工半讀，最終以專科的學歷結束學業。郭台銘是家中的長子，走向社會的他不得不承擔起作為長子的責任。

郭台銘沒有充足的資金來源和人手幫助，這決定了他只能白手起家，也決定了他創業之路的艱難和坎坷。

但是，郭台銘骨子裡最倔強的性格就是要做就做得最大，做得最好。所以，在自己創業的過程中，他一直奉行的是「四流人才、三流管理、二流設備、一流客戶」的理念，但是對於當時的郭台銘而言，要找到一流的客戶簡直是比登天還難，但正是靠著這種信念的支持，他曾經到美國尋找客戶；那段時期是很困苦的，郭台銘只能住價格便宜、條件很差的汽車旅館，就是在這樣的條件下，他跑遍美國的三十二個州，尋找世界頂尖的客戶合作。

進入電子業的郭台銘創辦了富士康。在事業的初步建立階段，郭台銘為了使自己的企業能夠快速在激烈的競爭中脫穎而出，他要求自己每天必須工作至少十一個小時，並且是工廠裡第一個上班、最後一個下班的人。就是這種不斷的奮鬥精神，使富士康很快就成為亞洲中重要的出口企業之一。

面對激烈的市場競爭，郭台銘從不後退，他經常講的一個故事就是關於給鴿子餵食的一件事：有一次，他在黃石公園見到禁止給鴿子餵食的告示牌，就問管理員為什麼不能給鴿子餵食？管理員回答：「以前都是讓鴿子自己去覓食的，後來人們常常給牠們餵食，他們漸漸就失去了覓食和謀生的能力，去年冬天，由於沒有人餵食，牠們都餓死了。」

從這段話中，郭台銘認識到，一個人的成長環境決定了他最終的命運，面對激烈的競爭，要想取得生存的機會，就必須要學會替自己尋找食物。

正是在嚴酷的競爭環境中，郭台銘一直嚴於律己，低調做人，使自己的企業一步步地走向規模化、國際化；而他也成為了成功企業家的代表，成為人們學習的榜樣。

郭台銘只有專科學歷，但是他卻能在事業上取得如此巨大的成就，原因是什麼呢？就像他自己說的那樣：一個人的成長環境決定了他最終的命運。面對激烈的競爭，要想取得生存的機會，就必須要學會給自己找食物；沒有顯赫的家庭背景、沒有高學歷、起點也比別人要低，那麼，要想成功，就需要付出比別人更多的汗水和艱辛。郭台銘做到了，他曾經每天至少工作十一個小時，也曾經自己開著車奔波在美國的大工廠之間，他用自己的奮鬥和堅強為自己贏得了一個個的生存機遇和空間。

「壞」同學大多都會有郭台銘的這種精神和心態，也許他們沒有像郭台銘一樣取得如此大的成就，但他們永遠為自己爭取機會，不斷奮鬥的精神卻值得「好」同學學習和借鑒。

翁豐軒出生在一個家境貧寒的家庭，家裡為了供哥哥一個人上學，再加上豐軒本身也並不喜歡上學，父母就直接讓他輟學在家了。輟學後的豐軒看著非常辛苦的母親和躺在病床上已經很久的父親，決定出去打工，分擔一些家庭負擔。

豐軒經過別人介紹後，進入一家物流公司做快遞員，豐軒深知自己的能力落後於他人，在工作上就特別賣力和勤奮。不論是炎炎夏日還是寒風凜冽的隆冬，他都騎著機車奔波在城市裡為客戶送東西。即便再累再苦，他也從沒有怨言，因為他的目標很明確，就是要靠自己的努力為自己求得生存和提升的機會。

皇天不負苦心人，豐軒的付出和努力得到了回報。工作兩年後，公司將他提拔為業務部經理，他的月薪不僅比以前提高了三倍，工作也比以往要輕鬆得多了。坐上業務部經理的位子以後，豐軒並沒有絲毫的懈怠和滿足，他積極地拓展業務，全面提升自己的溝通和交際能力。

就這樣，豐軒靠著這種精神努力地工作，不久後，他終於被提拔為營銷部總監。大家都很驚訝，這個只有初中學歷、看起來資質平平的小夥子為什麼會具有如此強大的競爭力？

當他的下屬問他這個問題時，他是這樣回答的：「我清楚地知道自己沒有高學歷，也沒有過人的專業，我只有不斷的奮鬥，這樣才能生存。」

這就是豐軒為什麼能夠在短短三年的時間內，在這家規模龐大、競爭激烈的物流公司裡做到營銷部總監的原因。

什麼樣的出身決定什麼樣的付出。對於翁豐軒來說，家境的貧寒、責任的重大、低學歷都成為他生存的一個障礙和困惑，但是他卻能將這種生存的壓力和艱難當做前進和奮鬥的動力，一步步地實現自己的夢想。

這靠的就是他不屈服於命運、不妥協於惡劣環境的勇氣和執著；假如翁豐軒一開始就被這種生存的壓力壓倒和擊敗，那麼，他最終就不可能破繭成蝶，擁有現在的事業成果。

對於「壞」同學來說，大多都會面臨像翁豐軒一樣的難題和現狀。為了生存，他們沒有向現實妥協和讓步的本錢，也沒有怨天尤人或者自暴自棄的本錢，他們像草原上永不服輸的狼一樣，只能堅強地與現實環境做鬥爭，最終贏得屬於自己的自由天地。

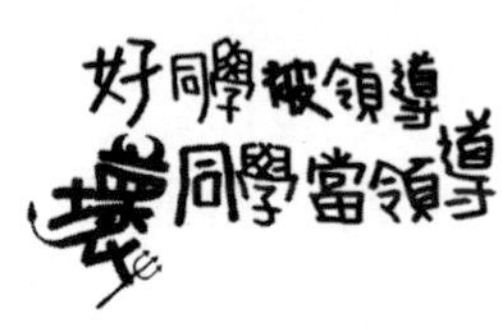

羊：「不著急，青草、樹葉會口到食來。」

羊與狼生存環境的最大區別是羊的生存環境比較舒適，競爭壓力小，青草對牠們來說可謂是口到食來。所以，這就決定了羊在追求食物和生存條件的時候不需要太過奔波勞累，同時也塑造了羊微弱的競爭意識和奮鬥精神。

有些「好」同學就像羊一樣，由於自身的生存環境比較輕鬆和容易，所以，在工作和生活中總是抱持著一種隨意的態度，漸漸地，自己的競爭意識就變得很淡漠，想法也變得很懶散，最終失去對工作的熱情和專注力，使自己的事業和夢想受到阻礙。

對於「好」同學來說，應該學會充分利用自身所擁有的一些優勢資源和條件，發揮自己的特長和能力，讓自己能專注投入到工作中，逐步培養起自己的競爭意識和進取心，通過競爭不斷地武裝自己，使自己變得足夠強大，這樣，他們在事業上的道路將會變得更加寬闊、通暢、長遠。

謝海文出生在一個條件優渥的家庭，全家經營的是一個家族企業，大學畢業後，謝海文就被父母直接安排在自己的家族企業裡了。

海文攻讀的碩士學位是行政管理，父母不願意讓謝海文從那麼辛苦的基層幹起，直接在行政部門給他安排了一個職位，讓他鍛鍊一下自己。海文就這樣開始了自己的工作生涯。

由於他是董事長的孫子，在工作中，同事們對他都小心翼翼，有什麼繁瑣的工作，別人都會搶著幫他完成。海文看大家如此友好和熱情，不好拒絕，就把自己手頭的工作都給別人做了。

那麼多出來的空閒時間，謝海文都在幹什麼呢？

海文每天上網聊天，瀏覽網頁或者看看影片，有時候還會借機溜出去找哥兒們玩。在大概一年的時間內，海文在自己的工作中沒有什麼進展和提升，做事經驗也沒有積累，他原本的雄心壯志在這樣的環境中漸漸地淡化，工作也沒有了當初的熱情和幹勁。

他的父親為了檢驗他是否有所長進，就交付給他一個案子，要他快速地作出報告。海文支支吾吾地完全說不到關鍵點上，父親大怒，批評他是扶不起的阿斗。

但是，海文對父親的指責完全不當一回事，依舊我行我素，隨自己的性子肆意而為。兩年過去了，謝海文在這個職位上還是沒有任何的進步。

最近，爺爺宣布辭去董事長的職位，要求父親接替董事長的職位，謝海文看著原本的職位產生空缺，於是，就向父親提出自己接替他職務的請求。然而，父親對他的能力很不信任，說道：「你現在已經不是我以前眼中那個好勝、進取心強的兒子了，面對如此強大的市場競爭，我們怎麼可以放心地把公司裡的重要事務交給你呢？」

此時的謝海文才真正地領悟到自己的過失，可是這又能怪誰呢？只能怪自己太容易被輕鬆的環境所麻痺，忘記提升自己的重要性，要不然也不會淪落到現在如此尷尬的境地。

碩士畢業的謝海文在大家眼中應該是一個比較有能力、有前途的「好」同學吧，但是為什麼如今的現狀會如此不堪？究其原因還是他自身的心態決定的。

謝海文算是一個高學歷的富二代，這種優越的家境和身分讓他身處於一種輕鬆的、沒有任何壓力的生活狀態中，特別是在工作中，員工對他百般討好，他沒有一絲的壓力，這就造成謝海文競爭意識的淡薄，上進心的減弱，最終的結果就是工作熱情減退，自身能力得不到提升。

假如謝海文在剛開始的時候能夠把增強自身的競爭意識作為一個重點，那麼就不會被如此輕鬆的工作環境所麻痺，也不會使自己漸漸喪失奮鬥的熱情，最終在事業上得不到任何進展。所以，作為「好」同學，不應該因為自身所處的優越環境而鬆懈，將自己曾經的奮鬥激情拋於腦後。

劉曉嵐是一家美資企業的公關部主管，其實這個公關部主管只是一個虛有其表的美稱，實際的狀況只有曉嵐自己清楚，因為公關部門只有她一個人，而這個部門是否能發展下去還是一個問題。

劉曉嵐畢業於明星高中，擅長商務英語，她在翻譯這一方面特別在行，所以很容易就進入了這家大型的外商公司。當初大家看她這麼容易就找到了待遇如此好的工作，很羨慕她。

曉嵐最初的上司是一個美國人，曉嵐的日常工作主要是負責一些文件翻譯，不是中翻英，就是英翻中。儘管在他人看來工作比較枯燥乏味，但是曉嵐對這個還算感興趣，所以她的工作熱情還是蠻高的；另外，由於她翻譯水準相當好，深得上司的喜歡和信任，並在大會上多次表揚她。這些讚揚讓曉嵐在公司裡出了不少風頭，她也漸漸地放鬆了對自己的要求。

這種榮耀十足又異常輕鬆的工作維持了不到兩年，隨著上司的中文水準不斷提高，基本的文件和日常交際已經可以自行應付了；同時，由於公司裡新招聘更多水準高的業務經理，所以曉嵐的職位基本上可以說是可有可無了。現在她不得不為自己的工作前途擔憂起來。

公司最近做了一個新的人事調動，把曉嵐調到其他部門，此時曉嵐深深地感到自己前途未卜，主要是因為在這兩年的時間內，她除了在翻譯方面有所成長，在市場、業務、行政和人事方面的相關事務一點也不精通。現在公司裡英語翻譯水準高的人到處都是，曉嵐的職業定位已經完全失去了。

她沒有想到，在如此輕鬆的環境中，竟使得自己在其他方面的業務能力完全沒有提升，最終才導致自己陷入現在這種沒有退路的絕境中。

安逸的環境容易讓人沉醉其中，也容易讓人產生一種自我滿足感和依賴感。「好」同學劉曉嵐現在的工作狀況和結局就完全驗證了這個道理。

當劉曉嵐看到自己在翻譯方面的工作做得這麼好，並深受上司欣賞的時候，就漸漸鬆懈下來，熱情也漸漸消退了下來；在這段時間內，她沉浸於輕鬆的環境中，卻沒有趁機去學習其他方面的技能和知識，最終使自己找不到更加確切的事業定位。假如她當時能夠不斷地增強自己的實力和競爭力，也許就不會是這種狀況了。

對於「好」同學來說，要切忌這種輕浮和散漫的態度，不論環境多麼輕鬆，自身的條件多麼優越，都應該不斷地提升自己，增強競爭力，像「壞」同學那樣不斷地奮鬥，不斷地用競爭的力量武裝自己，只有這樣才能使自己變得強大，立於不敗之地。

「好」「壞」對比分析

◆ 狼的獵物是不斷奔跑得來的，而且與其他對手爭奪獵物是激烈的，時刻面臨來自其他種族的搶奪和威脅。所以狼的生存環境是惡劣的、艱難的，這也就塑造了狼需要不斷與周遭環境做抗爭的個性。「壞」同學就像狼一樣，身處競爭激烈的社會中，只有像狼一樣地去戰鬥、去搶奪，才能為自己的生活和發展謀得良機。

◆ 羊尋找的食物是「原地待命」的青草類植被，在草原上幾乎隨處可見，在覓食方面他們沒有太多的壓力和焦慮，也不必擔心自己會被餓死。「好」同學就像羊一樣，一般家境還不錯，接受過正規教育，競爭起點要比「壞」同學好，這些看似優越的條件和環境，就像是草原上隨時等待羊群垂青的青草一樣，有時候會限制和阻礙「好」同學的發展，使他們身處安逸和滿足中，最終成為井底之蛙，只能坐井觀天。

◆ 從兩者的生存環境來看，「壞」同學面臨的競爭和壓力會更大，所以他們就要比別人付出更多的努力才能成功；而「好」同學在競爭環境中占據一定的優勢，但是如果這種優勢不能被「好」同學好好利用，只是安於現狀，缺乏「壞」同學的奮鬥精神，反而會使「好」同學陷入不利的境地。

CHAPTER

敢要：壞同學是「乞丐」好同學是「慈善家」

「壞」同學沒有好成績，沒有高學歷，沒有旁人認為的所謂的「好」的素養，更沒有親戚、同學們的好口碑……一無所有的他們，在社會中不可能充當大慈大悲的觀世音菩薩，所以相對於給予，他們更善於索取。

並不是說無需給予，而是現實社會中，有很多人只懂得給予卻不懂得如何主動去「要」，正如「會哭的孩子有糖吃」一樣，「壞」同學往往有糖吃；而一派清高的「好」同學付出的或許比較多，但所得到的往往不如「壞」同學的那麼豐厚。這是因為，好同學相比於伸手索取，他們更善於施捨，或者說，他們喜歡享受施捨的感覺。

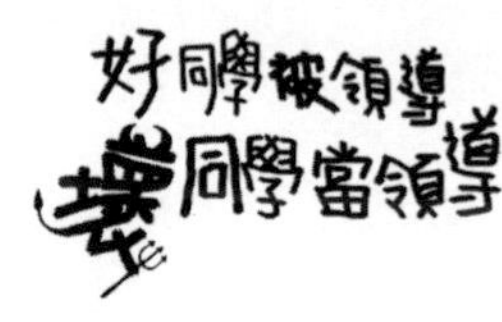

Part1

臉面的「丟」與「不丟」

乞丐：出來混丐幫，早把「臉」扔了

在大街上經常能看到乞丐，他們沿街乞討，向路過的人要錢。乞丐向他人乞討的時候沒有付出任何的勞動或者其他的東西，只是放下了尊嚴，甘願伸手向他人乞討——此時，乞丐不顧臉面，不顧他人的眼神，只要達到自己的目的就行了。

每個家長都期望自己的孩子在上學的時候能有優秀的成績；如果自己的孩子不僅沒有好的課業成績，還經常搞各種惡作劇，家長肯定會很頭疼。這樣的學生在大家的眼中被稱為「壞」學生，壞學生不聽老師和家長的諄諄教導，肯定經常受到老師和家長的「炮轟」：

「你這次考試成績怎麼這麼差！我看了都覺得丟臉！」

「老師又找我去學校談話了，你在學校又做了什麼事情？你怎麼就會替我找麻煩！」

「因為你這次班上才沒有得獎，去後面罰站。」

不管是在家裡還是在學校，「壞」同學經常聽到這樣的話，對於各種批評，壞同學早已經形成了「抗體」，這種批評對他們沒有什麼殺傷力，壞同學依舊是我行我素。在這種「風浪」中成長起來的壞同學「心理狀態」會變得特別好，別人的冷嘲熱諷對他基本沒有什麼用，從這一點來看，「壞」同學的心理就像乞丐行乞時的心理一樣，他們的心靈不像其他人那樣脆弱，面子對他們來說也沒有那麼重要。

一八九〇年九月九日，桑德斯出生在美國的一個農莊家庭，因為家境不好，桑德斯只念到七年級就輟學了。後來桑德斯決定出去找工作，因為沒有什麼特殊專長，所以只要是能賺錢的工作他都幹，在幾十年內，他做過農場工人、粉刷工、消防員等等，終於在四十歲的時候開了一家加油站。

在開加油站期間，桑德斯還做起了炸雞生意，他做的炸雞非常受歡迎，吃過的人都讚不絕口，甚至炸雞生意已經好過加油站的生意，於是他在對街開了間餐廳，做起炸雞的生意。但正當生意如日中天的時候，卻因為七十五號跨州公路的興建，讓他不得不賣掉自己的餐廳。

關閉餐廳後，他拿到的錢卻遠不如實際的價值，此時的他又成了名副其實的窮人，只能靠政府的救濟金度日。這時的桑德斯已經五十六歲了，為了擺脫生活的困境，他開始到處兜售自己的炸雞技術。剛開始的時候，沒人相信他，更沒有人買，很多時候，桑德斯都是被人趕了出來，因為每個人都覺得這個老頭是在浪費自己的時間。

即使這樣，桑德斯也沒有放棄，他相信自己的炸雞，他並不理會這些拒絕自己的人，而是繼續向別人推銷炸雞——這一推銷就是兩年，在這兩年裡，桑德斯被別人拒絕了一千〇九次。就在第一千〇一十次的時候，對方答應了他的要求，這對桑德斯來說，確實是一個好的開始。從此之後，開始有越來越多的人接受桑德斯的炸雞。

一九五二年，世界上第一家肯德基建立，五年之內，桑德斯就在美國及加拿大發展了四百多家的連鎖店。然而肯德基的發展並沒有就此止步，而是像滾雪球一樣越滾越大，繼續在全世界開連鎖店，如今，桑德斯本人的形象也為世界各地的人們所熟知，那就是你絕對有看過的肯德基爺爺。

桑德斯沒上過什麼學，沒有引以為傲的學歷，在推銷炸雞的過程中遭遇過一千多次的拒絕，這並不是每一個人都能承受的。因為在遭受拒絕的過程中，勢必要面對他人的白眼和挖苦，遭受他人的拒絕是很沒有面子的一件事情，何況是一千多次的拒絕；如果在遭受幾次拒絕之後，桑德斯也覺得很沒有面子，不想繼續下去，那也就不會有後來著名的肯德基了。

「壞」同學因為沒有高的學歷，所以也沒有可以炫耀的本錢，在成長的道路上，也練就了「厚臉皮」的本領，所以，能在日後面對他人的「否定回饋」時，不會輕易打擊到自己，這也讓他們更容易成功。因為想要成功，勢必要先經歷很多次的失敗，這也是歷久不變的真理。

「壞」同學不在乎他人的看法，即使「丟人」也打擊不了他們，必要的時候還可以「死皮賴臉」，只要能達到自己的目的，面子也可以盡拋。擁有這種心理的「壞」同學，反而更能適應職場的生活。

張靖宇一直是個成績很糟的放牛班學生，畢業之後無所事事，唯一只知道自己對美髮感興趣，他覺得自己閒著也是閒著，於是決定去一家美髮沙龍當學徒。

朋友知道後，都開始挖苦他：「有沒有搞錯，你竟然去美髮院當學徒，在學校你可是『風雲人物』呀，去美容院當學徒還真是丟臉，要是碰到認識的同學，你好意思嗎？」

另一個朋友說：「給別人剪頭髮有出路嗎？每天站在那裡累得要死，你受得了？」

「肯定是三分鐘熱度，我們走著瞧吧，我敢打包票，幾天後，他肯定就會忍不住約我們出來玩了。」

靖宇開玩笑地說：「給別人理髮怎麼了，你們難道都不用剪頭髮嗎？等我成了大師級人物，找我理髮可是要預約的。」

靖宇找了一家當地規模最大的美髮沙龍做起了學徒，他在這行業果真是有點天賦，能根據顧客的臉型設計出適合的髮型。他學得也快，沒過多久，就掌握了好幾種髮型的修剪方法。

這天，店裡非常忙，老闆也讓靖宇幫助招待顧客，這是靖宇第一次真正為顧客剪頭髮，他還有點緊張，為顧客剪好之後，終於舒了一口氣。

本想輕鬆一下的靖宇，沒想到等待他的卻是顧客的抱怨：「你怎麼給我剪成這樣！我要的不是這種髮型，你會不會剪呀？不會剪的話就別在這裡害人。」店裡頓時安靜了下來，所有的人都朝這邊看。

店長見狀，趕緊向顧客道歉，然後又叫一名有經驗的設計師給這位顧客修剪。

面對大家的嘲笑，靖宇並沒有覺得很丟人，反而告誡自己：「看來我的技術還得要多磨練才行啊，不然這些奧客可不是好伺候的，一個個公主病可嚴重呢。」

靖宇學習得更努力了，不斷地揣摩各種修剪技術，以及不同臉型適合什麼樣的髮型，沒過多久，靖宇就開始正式單獨接待顧客了。他的剪髮技術越來越好，並且不斷得到顧客的好評，到後來，有很多顧客來這間店是指名要找靖宇。

靖宇逐漸從一個學徒成為店裡的頭牌了。當名氣越來越大後，靖宇自己開了一家美髮沙龍，又是設計師又是老闆的他，每天忙得不亦樂乎。

張靖宇是大家眼中的「壞」同學，就是這樣一名「壞」同學甘願從一名學徒做起，就像靖宇朋友們的想法一樣，當學徒終究不是一件「值得炫耀」的事情，所以很多人不屑於去做學徒。可是，張靖宇並不在乎他人的想法，別人愛怎麼說是別人家的事情。

當客人當著全店的人訓斥靖宇的時候，此時靖宇是非常沒有面子的，誰也不希望自己當眾被批評；可是，他並沒有從此「消沉」，也沒有因此就不敢給客人剪頭髮，而是用非常放鬆和幽默的態度來對待，這件事反而促使他更加努力地學習理髮。「壞」同學經過「千錘百鍊」，心理狀態已經調理得很好，能擁有這樣的心理，靖宇成為公認的理髮大師並當起了老闆也是順理成章的事情。

慈善家：什麼都可以丟，就是臉面不能丟

在社會上，慈善家是什麼樣的形象呢？他們是幫助他人的「活菩薩」，是慈悲的化身，是善良、樂於助人的代名詞。慈善家也希望自己在他人心目中永遠都是這樣的美好形象，所以就會更在意自己的社會形象。

「好」同學擁有和慈善家一樣的心理：注重形象，好面子。這面子是長期累積起來的，在「好」同學成長的過程中，因為課業成績好，就成為德智體群美全方位發展的全才，而被人讚揚也成了情理之中的事——這也成為「好」同學一直期盼著的結果。

一些成功的企業家或者大老闆，在自己的發展過程中都經歷過很多的打擊和困難，這打擊中肯定有他人的「白眼和不屑」，他們最後能發展成領導者，也是因為對這些「白眼和不屑」的不在乎。

如果「好」同學遇到了非常丟臉的事情會是什麼反應呢？首先，「好」同學會儘量減少讓這種事情發生的機會；其次，一旦發生，就會沮喪不振，甚至不想再去嘗試。基於這些原因，「好」同學想成為領袖人物就總是困難重重。

傑克是哈佛大學的優等生，可不巧的是，傑克畢業的時候正好趕上美國經濟的大

蕭條，工作非常難找，很多公司不僅不招人還大批地裁人。傑克一時不知道該怎麼辦才好。

正當傑克找不到出路的時候，他的一個朋友推薦他到自己的保險公司做推銷員，傑克非常詫異地說：「開什麼玩笑，我可是哈佛大學的畢業生，怎麼能每天去求別人買保險呢。」

因為工作難找，許多人都打算騎驢找馬，選擇先就業再擇業，只有這樣才能先把生計問題解決掉。所以即使是哈佛大學的畢業生，也有不少人選擇了一些「小」工作，而傑克仍在尋找那些有頭有臉的「大」工作。

傑克學的是金融，這曾經讓很多親朋好友都羨慕不已，傑克在上學的時候已經開始幻想自己將來能在華爾街的辦公大樓裡風光地工作，所以他不能容忍自己去做一份「小」工作，這樣太沒面子了，之後要怎麼面對那些親朋好友呢？

傑克的一個同學在一家小公司當會計，見傑克仍沒有工作，就推薦傑克到自己的公司上班，可是傑克始終不能說服自己去那裡，便拒絕了朋友的邀請。

漸漸的，傑克周圍的同學都找到了工作，雖然工作並不是很理想，但是大家都開始在自己的職位上慢慢有了起色，收入也開始增加，只有傑克還在尋找著有面子的工作……

哈佛是全世界有名的大學，在這裡上學的學生們也都被認為應該是有所作為的

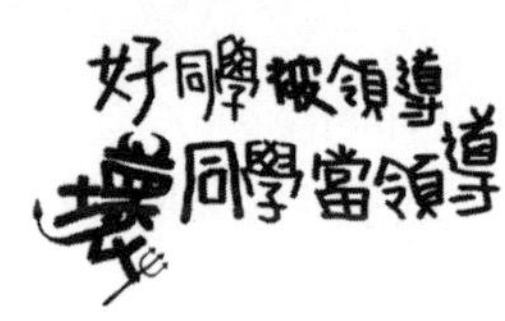

人，這也正是傑克的想法，所以他不能容忍自己在畢業的時候去選擇一家小公司上班。擺在眼前的很多條道路都被傑克封死了，因為顧及面子，可以選擇的機會變得越來越少，反而錯失了很多的機會，這就是面子帶來的副作用。

也有很多「好」同學在就業的時候第一個考慮的並不是這個工作所能給自己帶來的機會，也不是這個行業能不能賺錢，而是先考慮這個工作是不是能給自己帶來面子，所以「好」同學往往因為面子的問題而失去很多的機會。

工作不分尊卑，很多成功的人士最初也是從一份小工作做起，有的是從最基層開始幹起，有的是先給別人打工然後自己才成為老闆。一步登天、一鳴驚人的人可以說是少之又少，如果在選擇的時候顧及面子，會因此葬送掉很多機會。

「好」同學非常在意面子，這已經成為他們的心理障礙，所以他們不僅在選擇工作的時候因顧及面子而錯失良機，在進入職場之後同樣也會因為面子問題而失去很多的發展機會。

朱曉天，從小他的課業成績一直很好，也順理成章地考上了知名大學，大學畢業之後成為一名記者。

這天，接到主管的任務，要曉天去採訪一位非常有名望的財經要人，為了採訪能順利，曉天很早就開始做功課，在了解過這位大人物的所有經歷後，曉天信心滿滿的去了。

到了受訪者的公司後，沒想到卻遭到了對方的拒絕，理由是：如果接受了採訪，將來就會有很多的記者湧入，這會妨礙他的工作。

本想好好表現一番的曉天遭受了打擊，這下回去要怎麼交差呢？主管肯定會覺得自己沒有能力才被拒絕的；為了採訪到那個人，曉天決定再試一次，可是結果和第一次一樣，曉天被趕了出來。這次他徹底絕望了。

曉天想：「我是剛進入電視臺的新人，如果沒有完成任務，該怎麼面對同事？該怎麼面對主管呢？」

頂著這樣的壓力，他回到公司，雖然主管並沒有責怪他，但是他自己卻覺得非常沒有面子，以後，當主管再安排採訪任務時，曉天都不願積極接應，而是接一些沒有任何挑戰性的社會新聞。

其實，那位非常有名望的大人物本來就很難採訪，之前也有很多老資格的記者都沒有採訪成功。主管那天是因為曉天剛進入電視臺，來不及給他安排採訪工作，於是就想讓曉天去去碰碰運氣，順便磨一下這位總是不肯接受採訪的人物。對方不接受採訪也是預料之中的事。

可是，很明顯，這件事在曉天的心中卻造成了陰影，明星大學畢業的高材生才第一次採訪重要人物就遭受失敗，這讓他始終耿耿於懷。

自從這件事之後，曉天對於大的採訪都沒有信心，總是害怕自己搞砸，隨遇而安地只做一些小採訪，也不怕出什麼差錯，即使出差錯也沒有人注意，所以今天曉天還是一名小記者。與他一起進入電視臺的記者們因為成功地採訪了很多重要的新聞人物，所以也就逐漸擔任起重要的工作，一個個都被提拔到了主管的位置。

「好」同學因為一直在他人的掌聲中成長，好面子，不能容忍自己的一點小失敗。在上學的時候，只要拿到好的成績就會受到他人的羨慕和讚揚；但是工作後卻不一樣，工作並不像上學那樣簡單，工作中需要處理的事情有很多，一兩次的失敗是很正常的，尤其是對剛進入職場的新人來說更是如此，面對眾多的失敗是很有可能的。

對於「好」同學來說，失敗就等於失了面子，而「好」同學又不能容忍自己在別人眼中有失敗的形象。忍受不了自己失面子，唯一的辦法就是躲避挑戰，這樣雖然不會有失敗，但是也永遠不可能成功。

案例中的朱曉天就是這樣，因為一直是大家眼中的成功者，所以他不能容忍自己被拒絕的失敗，因此他乾脆去做一些沒有任何挑戰性的採訪，這樣的採訪很好完成，但是卻很難取得進步，最後就只能一直停滯不前，當一個名不見經傳的小記者。

「好」「壞」對比分析

◆「好」同學好面子，所以會失去很多發展的機會；「壞」同學無視面子，所以有了更多發展和成功的機會。

◆「好」同學好面子，所以害怕失敗；「壞」同學無視面子，所以能承受失敗。

◆「好」同學好面子，所以害怕別人的批評；「壞」同學無視面子，所以能接受別人的批評。成為領導者的人無疑是成功人士，而在成功之前就必須要經受失敗和別人的批評，也必須要抓住稍縱即逝的各種機會，所以「壞」同學才具備當領導者的素質。

Part2
得與失

乞丐：光腳不怕穿鞋的

乞丐一無所有，正是因為這樣，所以也沒有什麼好失去的；如果這個時候，讓他碰到了一個機會的話，既然沒有什麼好失去的，還不如放手一搏，贏了，就是賺了，輸了，也不過是回到原點。

就像歷史上很多農民起義一樣，因為一無所有，或者橫豎都是死，所以還不如發起抗爭；如果成功了，就做自己的皇帝，如果失敗了，大不了就是一死，怕什麼呢？

「壞」同學沒有高學歷，沒有別人的期待，沒有好的出發點；從某種角度來說，「壞」同學就像乞丐一樣，擁有的很少，沒有什麼可以失去的，所以在放手一搏的時候就無所顧忌，這樣反而更容易成功。

有很多後來成功的企業家最開始的時候也是一無所有，由白手起家到後來的身價百萬，回過頭再看，不得不感謝當時的無所顧忌，放手一搏。

王永慶被稱為「經營之神」，這位「經營之神」最開始的創業資金竟是從父親那裡借來的兩百日圓。

王永慶小的時候，全家都靠著種茶的微薄收入生活，王永慶十五歲時從小學畢業後，便不再繼續上學，早早離開校園的王永慶在一家小米店當學徒。

當了一年學徒後，王永慶決定自己也開一家小米店。可是小小年紀的王永慶並沒有開店的本錢，於是從父親那裡借來了兩百日圓作為開店的資金。這兩百日圓也是父親從別人那裡借來的，如果失敗也就是失去這兩百元；但如果生意好了，還能幫家裡解決些生計問題。

米店生意逐漸上軌道後，王永慶又開辦了一家碾米廠，透過碾米廠的生意，王永慶積累了一點積蓄。在抗日戰爭之後，王永慶又發現了木材生意的前景正盛，於是又決定投資木材行業，這也讓王永慶賺到一筆財富。而當其他人也都跟進想擠進木材業的時候，王永慶又看到了塑化業的未來。

當時的臺灣，雖然急需塑化工業的發展，但是由於日本塑化業的發展已經很成熟，所以即使是臺灣非常有名望的企業家都不敢輕易投資；當時的王永慶雖然有一定的積蓄，但是和大企業家相比，仍是一名普通的商人。於是王永慶經過考察之後，下定決心要投資塑化產業。

這讓王永慶的朋友們大吃一驚，他們紛紛勸告訴王永慶說，這是一個大錯特錯的決定。可是王永慶態度堅決，仍舊決定投資，籌集了五十萬美元建廠。

投入生產後，事業發展並不順利，當積壓的產品銷售不出去的時候，王永慶依然

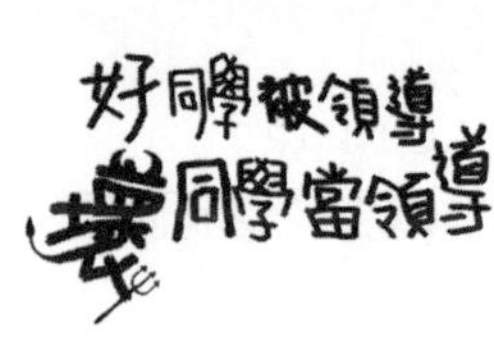

下令加大生產；在合夥人退出的情形下，王永慶變賣了所有的家產將公司的產權買了下來，經過研究和考察，王永慶降低生產成本與產品價格，最終，塑膠的銷量一路高升，王永慶成功了！

王永慶沒有受過高等教育，沒有高的學歷，在十六歲的時候就開始為維持生計而創業，當時自己的家窮得連兩百日圓的創業資金都沒有；在這樣的情況下，對於王永慶來說反正是一無所有，還不如放手一搏。就因為王永慶不怕失敗的態度，最終讓他嘗到因勇敢冒險而獲得成功的滋味。

也許正是有了這種勇於放手一搏，不害怕失敗的心態，讓他在後來敢投資塑化產業。當時的塑化產業很多人都不看好，連臺灣最有錢的企業家都不敢投資，卻也因此被沒有多少資金的王永慶捷足先登，並以結果證明了王永慶的選擇是正確的。

如果別人對你有很高的期望，就證明你有很大的潛力，這是別人對你價值的肯定；每個人都期望能得到別人對自己的肯定，不過有時，這種期望也會是一種壓力，當背負著這種壓力的時候，一個人做事情也會綁手綁腳，害怕失敗、害怕做不好、害怕會讓他人失望，越是這樣想，就越不敢放手一搏，也因此很難成功。

「壞」同學的成績不好，從一開始，周圍的人對「壞」同學就沒有過高的期望，這個時候，「壞」同學反而會一身輕鬆，既然這樣，想怎麼幹都可以，如果成功了就是驚喜，如果沒有成功也是正常。所以，這也讓「壞」同學更敢於嘗試，敢於走不一樣的路，這樣也更容易成功，最終成為領導他人的人。

吳東茂的父親是當地有名的企業家，但東茂從小並不願接受父親的安排學習經商，很早就輟學了。為此，父親並沒有給他一點資助，就連最基本的生活費，都沒有給他。

其實東茂只是一個不喜歡讀書，喜歡個性十足的打扮的孩子。所以他平日的時間就用在打扮自己上，所看的書也都是跟時尚有關的雜誌。

就在全家人都不看好東茂的未來時，離開校園的東茂決定去學習化妝和造型設計，這在父母眼裡不是什麼體面的事情，但是東茂只對這件事情感興趣，他堅持要去學。

東茂學得非常快，沒多久就懂了很多。兩年後，東茂從造型專門學校畢業了，此時，他做出了一個決定——要開辦一家專為別人做造型的公司。

家人聽到他這個決定之後紛紛表示反對：「開辦公司可不是鬧著玩的，你可別指望家裡為你出任何錢。」、「你年紀這麼小，根本還不懂如何去經營一家公司，失敗的可能性很大。」

面對家人的反對，東茂說：「正是因為年紀小，我才不怕失敗呀。我也沒有指望借助家人的資助，如果失敗了就從頭再來，大不了就是回到原點。」

抱著這樣的心態，東茂從朋友那裡籌集來了開辦公司的創業資金，因為東茂的手藝非常好，所以他接到了很多的工作，當地的一些時尚活動都來找東茂合作。當東茂在當地漸漸有了名氣後，公司也被很多人知道了，就這樣，東茂的公司越做越出名，後來甚至還有很多人慕名前來拜師學藝。

吳東茂是大家眼中典型的「壞」同學，沒有爸媽的期望，沒有高學歷，所以不害怕失去。當身上沒有背負過多的包袱時，就敢走別人不敢走的路。

敢於拚搏的人不是不知道會面臨失敗，而是不畏懼失敗；不是不知道失敗了也會失去很多，而是不害怕失去：或者是說本來也沒有什麼可以失去的，最多就是回到原來的起點。

很多後來成為領導者的人，都是勇於挑戰未知的人，因為能承受別人不能承受的「失去」，所以也能得到別人所沒有的「得到」。況且能成為領導者的人必定要承受別人不能承受的很多風險，有風險也意味著很有可能就會失去，所以，不管從哪一個角度說，「壞」同學都比較符合領導者的特質。

慈善家：丟不起，絕不做衝動之舉

慈善家肯定擁有很多的金錢，擁有很高的名望，就像社會上很多人取得成就之後，就開始用金錢幫助一些需要幫助的人。在這樣一種高度，做起事情來也會更謹慎，因為時刻要考慮到自己的得失；慈善家的得和失包括很多方面，比如金錢，比如社會名望，比如地位等等。

因為已經擁有的太多，就會害怕失去，如果從一個最高點跌到最低點，會摔得很慘。很多「好」同學正是因為承受不了這樣的落差才不敢放手一搏。

而成功總是伴隨著風險，因為不能保證最好的結果，所以就會患得患失，害怕如果失敗了就沒有現在所擁有的，因為擔心失去，所以也不敢放手一搏。

做一件事情的時候，誰也說不準結果如何，有可能成功，也有可能失敗，失敗會伴隨著很多東西的失去。「好」同學就像慈善家一樣擁有很多的東西，「好」同學擁有高學歷，高學歷會讓他找到一個好工作，得到好工作就會拚命地守住這個工作，所以很多時候，「好」同學都寧願為別人做事情，接受別人的領導。

麥克是耶魯大學的畢業生，在學校裡學的是經濟學，畢業之後，麥克找了一份令人羨慕的工作，成為一家投資銀行的分析師。這份工作不僅風光體面，收入也高，麥克很滿足，認真地做著他的分析師工作。

就在麥克一心作著他的分析師時，麥克的一個朋友決定開始自己的創業之路，此時，他的同學想邀請麥克一起來創業，也就是讓麥克當自己的合夥人。

麥克對朋友說：「創業要冒很大的險，況且你又沒有十足的把握，我要是把現在的工作辭了和你一起創業，如果成功了還好，如果失敗了，我豈不是陪了夫人又折兵嗎。我還是老老實實地做我的分析師吧，只要不遇到經濟危機，只要公司不倒閉，我就可以安穩地過日子。」

朋友見麥克態度堅決，也就不再勸他了。

麥克仍舊每天朝九晚五地做著分析師的工作，這天下班，麥克遇到了自己過去的一位同事，當年這個同事辭職自立門戶成立了一家公司。同事對麥克說：「嗨，麥克，知道嗎，我現在比以前開心多了，自己管理一個公司，可以實現我更大的夢想，也發揮我更大的價值，比起以前在公司做一個小職員感覺要好多了，難道你就沒有想過要自己創業嗎？你條件這麼好，還是耶魯畢業的資優生，如果創業肯定比我要好很多。難道你想一直做別人的員工嗎？」

麥克聽了之後有點心動，但是仍舊不敢放棄現在所擁有的一切，他對同事說：「我覺得做一個職員也沒有什麼不好，每天只要做好自己的事情就好，有工資可以拿，有什麼不好呢？創業我沒想過。」

聽他這麼說，同事也不再說什麼了。

又過了一段時間，麥克見到了曾經勸他一起創業的那位朋友，朋友說：「嗨，麥克，最近還好嗎？我的公司剛剛步入正軌，忙得我日夜顛倒。」同學成功地有了自己的公司，當起了老闆，麥克還是每天上下班地做著分析師的老工作。

麥克的條件非常好，畢業於世界知名學府，無疑是一名「好」學生，好學生麥克擁有很多令人羨慕的本錢和條件：高學歷、好工作、高收入。也正是這些條件，束縛住了麥克，讓麥克不敢放手一搏，不敢像他的朋友那樣重新開始。

創業不能保證一定會成功，所以麥克患得患失，乾脆不讓自己有失敗的機會，也就不敢嘗試；在麥克看來，做一名分析師可以保證安穩的生活，所以當麥克的同事當起了老闆時，麥克還在原來的工作職位上努力；當麥克的朋友擁有了自己的公司時，麥克仍是一名職員。

很多「好」同學就像麥克一樣，本身擁有很多的資源，或者一開始就在很高的起跑點上，擁有這些條件，本身是好的事情，可是如果讓這些事情束縛住了自己，也會變成自己前進的絆腳石。

大衛學的是金融，但是他很早的時候就對心理學非常感興趣，也立志一定要開一家心理諮商室，自己做老闆，然後聘用專業的心理學專家來工作。為了早日實現這個願望，大衛準備到大城市先賺錢，存到一定的積蓄後再去實現自己的夢想。

來到紐約後，因為大衛有著名校的高學歷，他很快就在一家貿易公司找到工作。大衛的業務非常好，報酬也日漸豐厚，不到一年的時間，大衛就買了一間房子，這在寸土寸金的紐約來說，能擁有一間自己的房子，無疑是令人羨慕的。

此時，大衛想再工作一段時間，等積蓄存得差不多了，就辭掉工作去實現自己的夢想。又過了一年，大衛的積蓄已經可以作為創業資金來開立公司了，可是此時，他的一些朋友開始勸他說：「你現在的工作多好呀，你知道很多同學都很羨慕你呢！」、「你又沒有創業的經驗，況且是你完全沒有接觸過的領域，成功的可能性非常小。」

聽了朋友們的勸說後，大衛也開始關注一些心理諮商室的運營狀況和目前的現狀，在他了解之後，發現也有些像他一樣的人，他們本身對心理學領域也不熟悉，只是抱著興趣而去經營心理諮商室，這些人大多的結果都是賠得血本無歸。

一直堅定的大衛此時動搖了，他開始想：「如果賠了，說不定連房子都要賣掉，自己幾年來的積蓄也可能換到一場空，到時候該怎麼辦呢？」

這麼想了之後，大衛逐漸放棄辭職的念頭，慢慢把自己多年的夢想也擱置在一旁，繼續從事貿易公司的工作。

一天下午，大衛碰到自己多年未見的朋友，朋友說：「我記得你一直想開一家自己的心理諮商室，依你現在的條件，完全有本錢去實現你的夢想了呀，準備什麼時候開始呢？我可是一直等著你給我遞上大老闆你的名片呢。」

大衛無奈地說：「暫時先不說了，等到我賠得起的時候再說吧。」

大衛也是典型的「好」同學，好同學也許是幸運的，總是比別人擁有得更多，大衛更是十足的幸運兒，能在畢業沒多久後就能擁有自己的房子，在競爭如此激烈的社會，擁有自己的立足之地，的確是可喜可賀的事情。可是，好的事情也有壞的一面，那就是想繼續擁有這美好的一切，從此再也沒有機會實現自己人生的夢想。

如果大衛去開業，有可能成功，也有可能失敗，大衛看重的是如果失敗了怎麼辦呢？結果就是賠掉自己的積蓄，說不定連房子都要賠掉，大衛想到這樣的結果，就退縮了。不知道大衛說的「到時候」是多久以後，但是現在的事實是，大衛仍舊是一家貿易公司的職員，這樣很有安全感，因為有固定的收入，所以不用擔心沒有退路。但是大衛卻再也沒有機會去開一家心理諮商室了。

「好」「壞」對比分析

◆「好」同學擁有高的學歷，高的學歷會找到好的工作，但有時候這些條件會成為「好」同學繼續發展的阻礙；「壞」同學沒有高的學歷，所以只能從頭開始，更容易通過創業來發展自己。

◆「好」同學被寄予高的期望，高的期望讓「好」同學害怕失敗，也很難有新的嘗試；「壞」同學破罐子可以破摔，反而有成功的可能。領導他人的人都是敢於承擔風險的人，也是敢於嘗試的人，所以「壞」同學更容易成為領導者。

Part3

金錢的意義

乞丐：沒有錢是萬萬不能的

經常聽到這樣一句話：「錢不是萬能，但沒有錢卻是萬萬不能！」從現實情況來看，沒有錢的確是萬萬不能的，離開金錢很難生存下去。

乞丐正是因為生存不下去了才出來行乞，所以他們行乞的目標很明確：就是要得到越來越多的錢，好讓他們活下去。

「壞」同學不喜歡學習，更喜歡外面的世界，所以他們會更早地接觸社會，在接觸社會的過程中，因為他們沒有優越的條件，所以有時候不得不從事很辛苦的工作，只有這樣才能換來收入；情況惡劣的時候，他們可能也體會過沒有工作的時刻，沒有工作就沒有收入，此時會更明白金錢的重要性，不管是哪種情況，「壞」同學都會更早地明白一個現實：沒有錢是萬萬不能的。

「壞」同學從上學的時候開始就沒有可以自命清高的本錢，所以他們不會排斥對金錢的需要，也不會否認金錢的重要，所以他們會想盡辦法賺取更多的金錢。

現在的楊凱儀可以說是今非昔比了。

這天，楊凱儀開著車去看房子，正好在房地產公司碰到自己的國中同學范昌明，兩人都非常吃驚。

凱儀說：「真沒想到在這裡遇見你，你讀大學了吧。」

昌明說：「是呀，大學學的是市場行銷，一時找不到合適的工作，覺得做做銷售人員也挺能磨練人的，於是就找了這份工作。」

凱儀：「初中畢業後我就沒升學了，高中三年、大學四年，有七八年沒見面了吧。」

昌明：「是呀，你現在在做什麼？還開部車，不錯嘛。」

凱儀：「這兩年日子過的還不錯，現在有兩家酒店，不過前幾年的時候還真是辛苦呀，從學校出來之後，什麼都不會，也找不到工作，於是我就想，既然沒人要我，我就自己做，於是開始賣便當。那段時間過得很辛苦，當時我就想，一定要成為有錢人，過上好日子，於是很努力地做生意。」

昌明：「賣便當也能發展成兩家酒店，你還真厲害！」

凱儀：「因為我每天拚死拚活的送便當，兩年之後我就有了一點錢，然後開始經營一家小飯店，我到處找人、找關係來拉生意，然後使出渾身解數跟他們熱絡，久了，老主顧多了，生意自然也就越來越好。」

昌明：「只是一家小飯店，你也這麼用心，真是服了你了。」

凱儀：「欸，那也是沒辦法，想賺錢就得要做大生意。後來因為小飯店生意越來越好，兩年後我就有了經營酒店的想法，那時候我向親朋好友借了點錢，然後加上自己的積蓄，接手一家酒店。其實就像我在做便當店的時候一樣，只要想盡辦法讓顧客滿意，生意就會好，去年的時候，我就又接了一家酒店。」

昌明：「哈，說起來你還真愛錢啊。」

凱儀：「這沒什麼，我光明正大地做生意，做生意不就是想盡辦法賺錢嘛！」

等楊凱儀走後，昌明感歎：想當初那個還抄自己作業的壞學生，如今已經成為兩家酒店的老闆，世事還真是難料呀。

楊凱儀沒有好條件找到好工作，所以只能從最底層做起，既然是體力活就少不了辛苦；楊凱儀經歷過這一切後，深切體會到沒有金錢是萬萬不能的道理。沒有錢就會受苦，沒有錢就不能過上好日子，所以就會不顧一切從最底層向上爬。

在開始經營自己的生意後，為了拉攏生意，楊凱儀也會通過各種辦法使自己與顧客成為「朋友」來拉攏老主顧，不論是在開便當店的時期，還是成為酒店的老闆之後，楊凱儀都不會端著架子去表現一種「清高」的身價，他從不回避自己對金錢的態度，也只有賺錢才能經營好酒店，也才能做好酒店的老闆。

劉嘯遠畢業於三流大學，他知道自己很難踏進大公司的門，於是就進入一家小型的在職培訓公司任職。

他進入公司的行銷部門後，就開始跑業務、找顧客，他知道想替公司創造利潤，就必須要接大公司的單子。但怎樣才能讓大公司來自己公司做在職培訓呢？

正當嘯遠為找不到客戶焦慮的時候，突然想到自己的同學小陳的爸爸是開大公司的，嘯遠想：「何不攀個關係呢？」

於是，劉嘯遠約同學的爸爸出來吃飯，開始向陳爸爸介紹自己的公司：「陳叔，現在的公司都講究團隊精神，有時候上司費了很多唇舌給員工灌輸公司觀念，效果都不好；我們的公司就是藉由培訓來讓員工產生凝聚力，讓員工印象深刻，比空口說教強多了。」

陳爸爸：「呵呵，要是我找你們公司做培訓，你是不是就能抽成呀。」

嘯遠：「陳叔這可是取笑我來著，確實，我現在是找不著像陳叔這樣的大客戶了，就當叔叔您是幫我一個忙了。感激不盡。」

陳爸爸笑著說：「就當是助你事業起步吧。」

就這樣，劉嘯遠得到了一個大單子，不僅為公司創造很多利潤，自己也得到不少抽成。後來他通過小陳的爸爸又認識了不少商界要人，他也用類似的方法拿到不少的訂單，很快，嘯遠被提升為行銷總監，此時的劉嘯遠已經擁有了很廣的人脈，因為業績突出，又被提升為營銷部經理。

這時，劉嘯遠聽到營銷部的同事在議論：「他還不是都靠關係才找得到客戶，又不是自己的真本事，憑什麼升職。」

另一個同事說：「就是，找熟人請客吃飯，這跟花錢買來的客戶有什麼區別呀，我要是認識大老闆，我早也成為營銷經理了。」

嘯遠聽到同事這樣議論自己，反而不覺得有什麼，他想只有自己知道自己的付出和經歷，自己只不過是用適當的方法來實現自己的目標，一點也沒什麼不合適的。

在劉嘯遠工作上遇到挫折時，他向陳爸爸坦言自己需要幫助，雖然這樣的幫助是雙贏的，但劉嘯遠仍不避諱說自己的確找不到客戶，並不覺得這樣做就是取悅別人、委屈自己，也沒有因此覺得不好意思。

劉嘯遠請客戶吃飯確實也是付了錢，但他覺得這是與客戶拉近距離的一種必要方式，市場上有很多相似的公司，客戶憑什麼就要去你的公司呢？所以為了獲得更多的人脈，他並不覺得自己的方式有什麼不妥。

當劉嘯遠被陳爸爸問及是否拉到客戶就能抽成的問題時，他也絲毫不避諱這個問題，也不覺得有什麼不可面對的，這本就是一個存在的事實，沒有什麼需要懷疑和否定的。

當被同事否定的時候，劉嘯遠同樣不認為自己的金錢觀有什麼可羞恥的地方，所以也內心坦蕩地接受了營銷部經理的職位。

慈善家：金錢乃世間一俗物

慈善家把自己的錢拿出來幫助需要幫助的人，而不是把金錢藏起來只為自己吃喝玩樂，不做守財奴的慈善家將幫助別人視為大道和大義，認為金錢只是身外之物，所以不會將金錢放在第一位。

「好」同學從小功課好，被別人羨慕和敬仰，一直都走在別人前面。在這樣的環境中成長起來的好同學，已經養成了一種優越感，擁有這樣的優越感是「好」同學的本錢，但是有時也成為他們發展的障礙。

從另一方面來講，「好」同學通過自己的努力取得好成績，通過自己的努力獲得高學歷，也通過自己的努力爭取到一份工作，這樣的經歷讓他們鄙視那些通過「金錢」來獲取東西的人，所以好同學不屑屈服於金錢，他們甚至認為金錢是骯髒的東西。

「好」同學對待金錢的態度與慈善家看待金錢的觀點如出一轍。不論是因為習慣了高高在上的優越感，還是養成了對金錢嗤之以鼻的清高心態，都讓好同學在遇到事情的時候不屑於求助他人，因為他們已經習慣成為施捨者。

在步入社會以後，每個人都會經歷各種各樣的困難和挫折，都不會一直一帆風順，「好」同學也不例外，在這個過程中，不可避免要出現很多需要金錢來解決的事情，但是好同學自命清高的自尊心讓他們很難轉變自己的角色去向他人「乞討」，因為這會讓他們感覺自己的價值受到威脅，清高的「好」同學也會因此失去很多機會。

王靜芬是一個文靜的女生，從中文系畢業之後，她也開始四處忙著找工作，可是因為這個專業並不太好找工作，王靜芬在多次碰壁之後，只能很委屈地在一家小公司工作。

一天，靜芬見到了自己的同班同學，同學知道了她的情況之後，對靜芬說：「小靜，你怎麼能在這麼小的公司工作呢？妳當初在班上成績很好啊，大家都很看好妳的，在這樣的小公司有什麼前途呀！」

靜芬有點無奈地說：「我們公司是不大，可是工作難找，我又沒有什麼經驗，等我有一定的資歷後就會再找一間大公司。」

同學說：「你知道嗎，我們班那個搗蛋鬼陸強開竟然開了一家公司，現在自己都當上老闆了。」

靜芬有點鄙視地說：「還不是靠他老爸有錢，要是憑他自己，現在八成還在找工作吧。」

同學：「好羨慕他有個有錢的老爸呀，如果我老爸也這麼有錢，說不定我現在也坐在自己的辦公室裡納涼啦。」

靜芬：「有啥好羨慕，靠自己去奮鬥才算是了不起呢。」

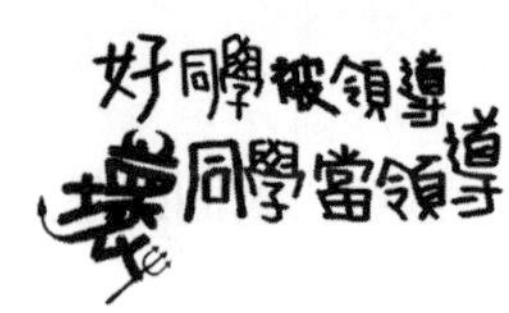

同學：「可是你看現在競爭這麼激烈，做人家的小職員何時才能出頭啊？還是自己當老闆好，管人總是比較威風。所以我也想創業，最近我正打算跟我朋友借錢籌備資金。」

靜芬：「當老闆哪好了？不就是多了幾毛臭錢？與其求別人借我錢，我寧願自己辛苦點，才不想看別人的臉色呢。」

同學：「看來你跟我想法完全不同啊，就當是我比較庸俗吧！」

王靜芬是做慣了好學生，沒想到出了校門之後到處碰壁，於是只能退而求其次在一家小公司，做起了小職員。從她的對話中就能看出她的價值觀——在王靜芬眼裡，一切靠他人力量所取得的成就都是不足掛齒的，也不值得羨慕；而且依靠他人的力量中，最不可取的就是依靠他人的「錢」。

王靜芬覺得依靠他人的「錢」就意味著自己沒有能力，就意味著要看他人的臉色，就意味著沒有可以炫耀的本錢，所以王靜芬寧願自己做一個小職員，也不會去求別人來幫助自己。

剛畢業的學生很少能靠自己的力量去創業的，如果能借助他人的力量來幫助自己，這也沒有什麼不好，也稱不上庸俗，只是這與王靜芬的價值觀有所矛盾。沒辦法，誰叫王靜芬一開始就是一個清高的好學生呢！

很多「好」同學和王靜芬持有一樣的觀點，如果讓他們去施捨別人還可以，想要讓他們去乞求別人，這就觸碰到了他們的底線。這樣的想法讓他們在發展的道路上舉步維艱。

高書旻從小就學習美術，長大後順理成章地考上了藝術大學的美術學院，在大家眼裡，書旻是非常有才華的男孩。他從美術學院畢業後，被一家大的廣告公司聘用，成為這家廣告公司的員工。

進入廣告公司之後，高書旻被分到一個企劃小組裡做廣告企劃。一天，總監對書旻說：「你的專業能力比較強，下班後，你陪這位客戶吃個飯，給他介紹一下我們公司的業務。哦，對了，順便送他點小禮物，有了好印象，以後就會多跟我們合作。」

書旻：「要給客戶介紹公司的業務，在公司講就可以了呀，為什麼要出去吃飯？」

總監：「吃飯的時候講比較容易拉近距離嘛，客戶都是這樣培養出來的，距離一拉近，他手邊有業務自然就會想到我們公司，我們只要付出一點點但收穫會很大的。」

書旻：「我們公司不用這樣拉客戶吧？憑我們的實力客戶自己就會找上門了。」

總監：「現在的競爭激烈，何況是這樣的大客戶很多廣告公司都在搶，我們可不能放手讓他去。」

書旻：「我覺得我們不用靠這些小動作去求客戶，客戶如果對我們的廣告滿意，自然會來找我們做，根本不用浪費這些時間跟精力。」

總監：「別太自信了，雖然你的水準確實是不錯，但畢竟是剛進入這個圈子，不要忘了我們是靠顧客才能生存，所以時刻留心他們的想法才能真正留住客人。」

書旻：「我不想這樣低三下四地去求顧客。」

總監見高書旻這樣說，也就不再強求他了，另外安排了一名企劃去。那位企劃很配合總監的要求和意願，而且跟客戶也相處得很愉快。

漸漸的，只要有陪客戶的應酬，總監就讓那位企劃去，這位企劃也學會了怎樣與客戶打好關係，跟許多客戶都成為了「熟人」和「朋友」，為公司拉到許多核心客人，給公司帶來很多利潤，也因此這位企劃的職位也一升再升。

後來，這位企劃成了高書旻的上司，而書旻還在原來的職位上做著廣告企劃。

高書旻的廣告企劃能力很強，但是始終都是公司一個小組裡的一員，從未有過升遷，這顯然跟專業能力沒有太大關係，而是緣於高書旻一貫自命清高的作風。在高書旻看來，陪客戶吃飯和送禮就是用金錢在乞求客戶，用低姿態取悅客戶，以便讓客戶能多與自己的公司合作，這顯然有悖於他的價值觀，所以高書旻不屑這樣做。對他來說，任何摻雜金錢的交易都是不好的，而自己又是如此地高高在上，怎麼可能放下身段去求別人呢？

高書旻的想法和總監的觀點出現了矛盾，到底誰對誰錯？一個公司想要發展，自然要與顧客保持良好的關係，所以總監的想法並沒有錯；可是高書旻也有他自己的一套邏輯，那就是憑自己的實力去吸引顧客，而這樣的想法似乎也沒有錯。但從事實的結果來看，高書旻的想法只會讓他成為一名員工，而不會成為領導者，因為領導者知道在適當的時候用適當的方法與他人發展良好的人脈關係，以便讓公司能更好地生存下去。高書旻能夠憑著自己出色的廣告企劃能力成為一名好的員工，卻無法成為領導他人的人。

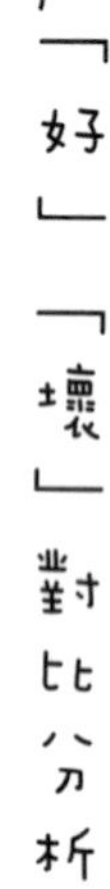

◆「好」同學不屑於用金錢來換取人情，所以在人脈關係上很被動；「壞」同學覺得適當的時候付出適當的金錢換來人脈資源，可以使事情更容易辦成。

◆「好」同學自視甚高，遇到事情或者困難時不肯向他人求助，所以總是原地踏步；「壞」同學善於借助他人的力量幫助自己，所以更容易步步高昇。

◆「好」同學不屑於把「錢」掛在嘴邊，所以不知不覺中就失去很多機會；「壞」同學善於發揮金錢的作用，也不避諱自己對「錢」的企盼和享用，所以不會輕易讓機會溜走。

◆領導者必須做好自己所負責的事，要做好這些事，少了「錢」的幫忙是不可能的，有時更還要求助於他人的幫忙。同樣，「壞」同學從不避諱金錢的作用，也沒有自命清高的擺架子，在該尋求幫助的時候也會求助於人，所以「壞」同學更容易成為領導者，也更適合做領導者。

Part4 主動V.S.尊嚴

乞丐：求求你，給我吧

乞丐總是在向他人伸手要東西，如果只是等著別人給他，那他也許會被餓死；向他人主動要，情況就不同了，即使並不是每一個人都會給他，也比坐在那裡被動等待要強很多。

乞丐在向別人伸手要東西的時候，早已把尊嚴拋到了腦後，如果又顧著要尊嚴，又想得到別人的幫助，乞丐就不會出來行乞了。

「壞」同學從小就把臉皮練的厚了，什麼樣的批評沒聽過，人家說「臉皮一厚，天下無敵」，這句話說得不無道理，厚臉皮不怕別人說三道四，所以有什麼需求就會說出來，先把自己的需求滿足了再說，即使別人還沒有給的時候，厚臉皮的人可能就開始伸手要了。看來，臉皮厚一點才不會讓自己吃虧。

從另一個角度來講，「壞」同學的這一個特質也是積極主動的表現，當機會來臨的時候，你是坐在那裡等機會跑到你的面前，還是自己出去尋找機會呢？顯然是第二種方法更可取，也因此能讓自己得到更多。

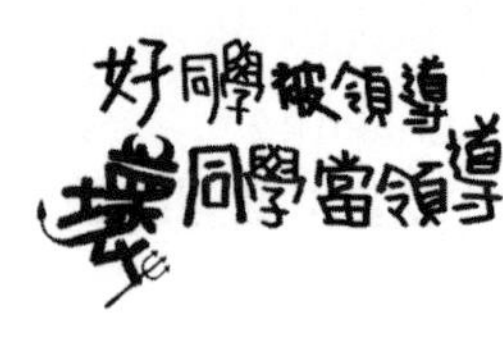

對「壞」同學來說，只要不是涉及特別原則性的問題，他們很少緊抓著尊嚴不放，因為厚臉皮的「壞」同學沒有那麼強的自尊心，這讓他們覺得「伸手要」是如此正常又自然的一件事情。

王學峰只有高中學歷，可是現在已經成為一家公司的舞台總監了。

一天，新來的同事與學峰聊天，同事問：「峰哥，能在這樣的大公司立足，您學歷一定很好吧？」

學峰愣了一下，回答道：「哈，我可沒那麼大本事，老實說，我的學歷還沒你高呢！」

同事有些驚訝：「那你是自學成才了？這更厲害呀，你是怎麼走過來的？」

學峰笑著說：「我這人沒什麼優點，就是臉皮『厚』，剛開始來公司時，我什麼都不會，但我就是對這耀眼的舞臺著迷，所以求了半天，公司才同意讓我從學徒做起。」

同事開玩笑地說：「沒想到峰哥也是從學徒開始做起的，那你是怎麼一步步做到總監的？」

學峰：「學徒的時候確實很辛苦的，因為什麼都不會，所以只能從最簡單的體力活做起，只要遇到不懂的我就問，問得人家都覺得煩了，我還是不停地問，這個人煩了我就問另一個人，直到我自己弄懂為止。」

同事：「原來峰哥以前也這麼辛苦啊。」

學峰：「漸漸的，我對很多類型的舞台設計都了解了，於是我就主動要求主管讓我來負責一個舞臺的設計，當然，出了問題也由我負責。」

同事：「那有出問題嗎？」

學峰：「當然有，我又不是神，怎麼可能不出錯。剛開始的時候，很多應急措施我都沒有考慮到，也遇到過突發事故，當時都不敢看主管的眼睛，但事後我依然會要求主管給我機會讓我負責設計和監督。」

同事：「那後來的情況有好轉吧？」

學峰：「那當然，要是不長進，我還能成為總監嘛？時間久了，以前出的錯就成了寶貴的經驗，後來出的錯也就少了，而且設計得也越來越像樣。等到多次受客戶肯定時，成為總監也就是理所當然的事情了。」

王學峰雖然沒有什麼競爭優勢，但他就是「臉皮厚」，這讓他敢推銷自己、敢主動出擊、敢承擔錯誤，所以成為總監也不是沒有道理的。

王學峰現在所取得的成就都是自己爭取來的，從進入公司到成為總監，沒有哪一步是坐著等來的。在公司不錄用他的時候，他沒有因為自己學歷低而退縮，而是不斷地懇求對方直到被錄取；當他什麼也不會的時候沒有將別人的不耐煩視為對自己的鄙視，而是想盡辦法學習自己想知道的；在他因為工作出錯受到主管狠批的時候，也沒有自怨自艾，而是繼續向主管要求讓自己負責舞台設計的機會。

這就是王學峰的奮鬥史，沒有奇遇，只有靠自己的積極主動。王學峰從一個高中畢業生做到一個大公司的舞台總監，從這樣的經歷中就能看出，主動伸手永遠要比坐著等，得到的更多。

這天，李相云又接到一個想承租自己店鋪的電話，出來見面時，對方竟是自己的國中同學何道戎。道戎也非常驚訝，沒想到自己竟租了老同學的店鋪，由於心中有很多疑問，他問相云道：「難道這三十多間店鋪都是你的？」

相云笑笑說：「是呀，真是有緣分呀，沒想到是你要租。」

道戎：「我剛大學畢業，現在工作不好找，想和同學開一間店鋪做點小生意。你現在混得不錯呀！現在租金這麼貴，這麼多店鋪，光租金每年都收不完吧！」

相云回答說：「其實，這裡原本是家飯店，當時，我就看準這裡離大學比較近，所以就覺得在這裡開店應該不錯，如果把這裡改成店鋪，應該會有很多人來租。」

道戎：「那飯店你是怎麼買到的？」

相云：「因為當時那飯店的生意不好，我聽別人說原本的老闆正考慮轉讓，我便趕緊找他商量，還記得那時我們在價格上僵持了很久。」

道戎：「最後是怎麼成交的？」

相云：「我對這家飯店的老闆不斷遊說，又找了很多認識這老闆的熟人，託他們說服老闆再優惠點，求了很多人才成功的，最後是以六百萬的價格買下。」

道戎：「哇，那你積蓄也不少呀。」

相云：「我原本也沒這麼多錢，但我想這是一個機會，於是就借了一部分錢，才終於把它買到手。到手之後我就開始改造，將大空間改造成一個個小房間，然後又簡單地裝修了一下，就成了現在的樣子。沒想到，還真的挺搶手的，你要是再晚幾天，估計就沒有了，哈哈。」

道戎：「你還真厲害啊，眼光超準，當初在學校的時候可真看不出你來。」

相云：「咳，也不是這麼說，我可是花了不少功夫才有現在的成果的。」

李相云的確是有做生意的眼光，但並不是有眼光就可以了，李相云說，自己花了很多功夫，這也並不是一句空話。因為在這個過程中，李相云求了很多人，求人當然就要跟人說好話，託熟人要向熟人說好話、借錢也要向他人說好話，只有得到這麼多人的幫助才能順利地把事情做好。因為李相云積極地出擊，絲毫沒有在意自己是在「求人」，只在意如何才能以最有效的方式將事情做好，所以才能獲得成功。

機會有很多，有些人看到了，有些人沒有看到。在看到機會的人當中，有的人把握住了，有的人沒有把握住；把握住機會的人並不是有三頭六臂，而是善於動用一切關係來幫助自己，助自己一臂之力，做好了所有的準備之後，機會也就跑不掉了。這也就是為什麼「好」同學還在猶豫的時候，「壞」同學已經成功的原因。

慈善家：別人會主動給我

慈善家習慣了施捨別人，總是處在這樣一個角色的人怎麼會去向別人乞討呢？怎麼會去主動向別人要求呢？

「好」同學從小課業成績就很好，爸媽的獎勵會不請自來，老師的表揚也隨時在等候，只要好好地坐在那裡學習，很多好的事情都會自動降臨，為什麼自己還需要去爭取東西呢？也許「好」同學有足夠的自信坐在那裡等待著機會的到來，也許「好」同學認為自己去爭取便會失去身價——可是，有些東西必須是自己去要才能得到的！

這不是一個可以等待的年代，而是一個積極爭取的年代；不是一個含蓄的年代，而是追求獨特的年代，如果你有能力不展現，別人怎麼會發現你？如果自己不去爭取，機會很快就會被別人搶走，等你回過神時，一切都晚了，很多機會稍縱即逝，無論因為什麼原因錯過，但只要錯過，機會就不可能重來。

胡宇泉一臉沮喪地去見朋友張天聞，天聞看他這副模樣，問道：「怎麼了？看樣子心情不好呀？」

宇泉沒好氣地說：「當然不好，我辛辛苦苦地工作，老闆難道都沒看見嗎？全公司的人都認為行政主管的位置應該是我的……」

天聞試探著問：「結果呢，老闆任命別人了？」

宇泉氣憤地說：「學歷也沒我高，進公司的時間也沒有我長，他憑什麼被任命為行政主管呀？他剛來的時候還是我帶他的呢！」

天聞：「那你怎麼不去找老闆問看看原因呢？」

宇泉：「才不要，那不是我的作風。公司這麼大，每天處理這麼多事情，我都快累死了，辛苦的半死，還以為老闆都看在眼裡，誰知道他真是瞎了狗眼。」

天聞：「現在都什麼社會了，你還坐在那裡等？每個人都拚命的往前鑽，像你這樣的默不作聲的幹，老闆說不定還以為你根本不想當主管呢。」

宇泉：「可是，再怎麼說也該輪到我了，他確實是挺有能力的，但資歷畢竟還是我老呀，像他這麼不要臉地去主動推薦自己的事，我可做不來。」

天聞：「這就是原因啊，人家都知道要主動推薦自己，你不主動，就活該一直當個小職員。」

宇泉：「但我就是不習慣這樣做，我以為該是我的就是我的。」

天聞：「得了吧你，你這樣的想法早就該改了，你又不差，政大畢業、能力又強，為什麼不推薦自己？主動一點你說不定早就是主管了。」

宇泉：「唉，以後再看著辦吧。」

胡宇泉是個「好」同學，成績好、工作出色，但就是一直在職位上原地踏步，當比他晚來的同事都成為他的上司時，他才開始著急。胡宇泉沒能升職的問題不在於工作沒做好，也不在於條件比別人差，要怪就怪他沒主動為自己爭取。

當兩個實力相當的人在進行比較時，本來就是難以判斷出高低的，這個時候，如果一個人表現得不在乎，而另一個人卻極力推薦自己時，結果很明顯，誰都會選擇較為積極主動的那一個人。

很多「好」同學就像胡宇泉一樣，各個方面都很出色，但是始終就只能當一名職員，反而有些條件不如他的人卻早早就爬到他的頭上去了。有人說：「不想當將軍的士兵不是好士兵。」如果你不去積極地爭取，機會便很難降臨到你的頭上，所以學會主動伸手是很重要的。

王海朋在上高中的時候就非常喜歡電腦，在大學學的也是電腦，畢業之後就去了一家網路公司。

這家網路公司剛成立不久，很多方面都還在草創階段，公司裡的人也不多，海朋之所以選擇這家公司就是看重了公司的發展前景。

為了完善公司的網站，海朋提出了很多有用的見解，使得公司網站的點擊率越來越高。不過海朋知道，自己始終只是一個小員工，自己提出的意見並不一定能獲得採用，即使被執行了也不一定會完全按照自己原來的設想，所以海朋心中有了一個想法……

這天，海朋找老闆說了自己的想法：「讓我擔任公司的執行總監吧，我有信心能把我們公司的網站做好，而且一定能讓越來越多的人知道。」

老闆聽了之後，起初有些吃驚，對海朋說：「既然你有這個想法，看來是做好準備了？」

海朋毫不遲疑地說：「確實如此。我們的網站雖然有一定的點擊率，但是和著名的網站相比還是存在一定差距，我現在有很多的想法，我相信只要把我的想法實現，網站就一定能夠衝上排名。」

老闆聽了之後很欣慰，對海朋說：「現在公司還在草創階段，很高興能有你這樣的員工，既然你這麼有信心，我願意給你機會嘗試一下。」

海朋聽到老闆如此地信任自己，工作得更加賣力了，為了實現自己的想法，他每天廢寢忘食地工作。好不容易，當他終於完成所有的預想後，網站的點擊率果然達到預想的目標，更為公司帶來巨大的利潤。

老闆非常高興地對海朋說：「你果然很能幹，執行總監的位置的確是屬於你的。」

王海朋是個「好」同學，學習的是熱門專業，在順利找到工作後，沒有只甘心於做一名小員工，當他認為自己非常有能力的時候，就向老闆清楚地提出了自己的要求，主動推薦自己。

如果「好」同學像王海朋一樣，將自己推到一個更高的位置，也能最大限度地發揮自己的才華，那將是一件可喜可賀的事情。

可是，很多「好」同學都不屑於這樣做，認為別人將麵包主動送到自己的手上才是有面子的事情，如果得自己伸手去要，那可就太丟臉了；所以，他們已經習慣保持矜持，但這樣的想法只會耽誤自己的發展，也不能將自己的滿腹才華淋漓盡致地發揮出來，所以等待是得不償失的選擇。

◆「好」同學有好的條件，可以選擇的機會就多，所以對於機會並不十分在意；「壞」同學沒有好的條件，可以選擇的機會就少，但他就會因此珍惜每一個機會，所以當機會來臨時，也會盡全力去抓住機會。

◆「好」同學從小到大被讚賞，難免有些高傲，所以往往不屑於向他人伸手要；「壞」同學從小到大被批評，臉皮早已磨厚，只要自己高興，伸手要對他們來說是非常容易的事情。

◆領導者不是一天「磨」成的，而是一步步地磨出來的，只有善於抓住每一次機會，才有可能當上最後的「大哥」。所以「壞」同學更有可能成為領導者。

Part5 被拒絕，你怕了嗎

乞丐：我看你能拒絕我幾次

乞丐出去行乞的那一刻，已經做好被拒絕的準備，因為並不是每一個人都一定會施捨給乞丐，而乞丐也已經學會在被拒絕後再次出發，只有這樣，乞丐才能達到預想的目標。

也許很多人都看過這樣的情形：當一個乞丐走向一個人準備行乞的時候，對方拒絕了乞丐的要求，而乞丐通常不會立刻走開，而是繼續用語言「刺激」對方，想盡辦法讓對方「動心」，結果也只有兩種，一種是對方被乞丐說動，然後答應乞丐的要求；另一種是不管乞丐如何「裝可憐」，對方仍不為所動。但不管如何，死皮賴臉的繼續乞求，達成目標的機率才能再增加百分之五十；如果乞丐在別人拒絕一次之後就轉身離開，那達到目的的機會就少了一半。

面對拒絕，乞丐的做法是繼續出擊，再試幾次看看。

「壞」同學的功課不好，通常也不聽老師和家長的話，總是不按常理出牌，反其道而行是他們的本性，「你不讓我做我就偏這樣做」，這就是壞同學一貫的作風。另外，「壞」同學從小聽了太多的批評和別人對自己的否定，所以這些負面的評價對壞同學的殺傷力極小；進入社會以後，由於壞同學沒有好的條件，所以找工作碰壁的可能性很大，也會面對比「好」同學更多次的拒絕，但面對拒絕，壞同學早習慣了，他們往往能無視拒絕，如果有必要，為了爭取難得的機會，壞同學會在被拒絕之後仍然不放棄，你越拒絕，我就越要看你能拒絕我幾次。

根據「壞」同學以上的特性，在面對「拒絕」的時候，壞同學就像乞丐一樣，不會立刻放棄，而是要多試幾次，有一種不達目的誓不罷休的「幹勁」。

喬吉拉德出生於一九二八年，在他小的時候，因為家境不好，九歲時就開始為人擦皮鞋、送報紙，由於生活所逼，他十六歲就離開了學校。

離開學校之後，喬吉拉德為了生計，成為一名鍋爐工，後來，喬吉拉德也做過建築師，以給別人蓋房子為生，一直到一九六三年，他為別人蓋了十三年的房子。但此時的喬吉拉德仍是個失敗者，生活的很不好，再加上他患有嚴重的口吃，曾換了超過三十個工作，甚至還做過小偷。

在喬吉拉德三十五歲的時候，他的生活不僅沒有好起來，還欠下六萬美元。但一切卻從他走進一家汽車經銷公司開始，人生有了轉變。

在成為汽車銷售員三年後，喬吉拉德一年的銷售量就高達一千四百二十五輛，這樣的銷售額是前所未有的，已經打破汽車銷售的金氏世界紀錄。在喬吉拉德銷售汽車的十五年內，總共銷售出一萬三千〇一輛汽車，他創造了汽車銷售的神話，也被稱為世界上「最偉大銷售員」。

喬吉拉德在銷售汽車的過程中，也像其他推銷員一樣，經常遇到根本不理會自己、或是用其他理由來拒絕他的顧客，比如，客戶會說：「我半年後才會考慮買車。」等類似的話。

那喬吉拉德是怎麼做的呢？面對這樣委婉的拒絕，喬吉拉德並沒有真的放棄，顧客不是要自己等嗎？那就等！但是在這期間，喬吉拉德會不斷地給顧客打電話，不讓顧客有忘記自己的機會。不管顧客是兩年之後再買，還是五年之後再買，喬吉拉德都會每月提醒一次客人，讓顧客在想買車的時候第一個想到的就是他。

喬吉拉德就是用這種方法面對拒絕，他一直把拒絕自己的顧客當做潛在客戶來對待，所以總是正視拒絕，也因此才能成為「最偉大銷售員」。

喬吉拉德沒有高學歷，他用自己的方法面對拒絕，也最終化解拒絕。面對拒絕不放棄，而是把拒絕當成一次有可能實現的機會，越多的機會，就有越多的收穫，所以他總能推銷出更多的車，這也是喬吉拉德為什麼能夠成為汽車推銷領域裡的「老大哥」的原因。

進入社會以後，每個人都會遭受到很多的拒絕：在找工作的時候，會遭到徵才公司的拒絕；在公司的時候，會遭到上司或者客戶的拒絕……面對這無處不在的拒絕，如果只乖乖地束手無策，不僅會失去很多機會，也會讓自己鬱鬱不得志。由此看來，要學「壞」同學那樣才會發展得更好，也更容易成功。

劉力揚的功課不好，他知道自己無論如何都考不上好的大學，於是高中畢業之後就不再升學了。離開校園之後的力揚不知道自己要幹什麼？他一沒技術，二沒學歷，想來想去就找了一家攝影工作室上班。

力揚對攝影挺感興趣的，但是沒有任何經驗的他也只能先從攝影助理開始。攝影助理說穿了就是做苦力，但是為了學到攝影技術，力揚也心甘情願地做。

起初，攝影師並不願意多教力揚，但他一有問題就問攝影師：「王哥，這個燈要怎麼調？」、「王哥，光圈這樣可以嗎？」攝影師總是一臉的不耐煩，而此時力揚就會說：「王哥，你是不是累了？拍了一天，你肯定特別累，等明天我再向你請教吧。」

無論如何，力揚總能想辦法學到自己想知道的攝影技術。為了拉近與攝影師之間的距離，力揚甚至會找機會送上他喜歡的禮物，或者偶爾請攝影師吃飯，這樣一來，當力揚再向他請教的時候，攝影師自然會好好地教。

漸漸的，力揚掌握了很多的攝影技巧，他就向老闆要求是否能給自己單獨替客戶拍攝的機會？但老闆並不信任力揚的技術，沒有立刻答應他的要求。但力揚不死心，他利用工作之餘，拍攝了一系列的照片給老闆看，並對老闆說：「你先讓我拍，薪水我還是拿助理的錢，等看到了我拍的照片，再決定是否讓我擔任攝影師。」

老闆見力揚這樣執著，就答應讓他試試，但表明只給這一次機會，如果力揚拍出來的照片客人不滿意，那力揚就再也沒機會了。

慶幸的是，客人非常喜歡力揚拍出來的照片，於是力揚立刻從一名攝影助理正式升為攝影師。在成為攝影師之後，力揚更加努力認真工作，兩年後，力揚已經能拍出各種風格的照片了。於是，力揚決定開一家屬於自己的攝影工作室，自己當起了老闆。

最初的時候，劉力揚沒有任何的優勢，所以只能去當一個做苦差事的助理，這樣的工作沒有讓劉力揚洩氣，而是時刻記住自己的目的；在遭到攝影師多次的拒絕後，他沒有退縮，而是想辦法迎難而上，直到達到自己的目標為止；在遭到了老闆的拒絕後，劉力揚也沒有灰心喪志地聽從安排，而是自己尋找機會再次提出請求，從而順利成為攝影師。

正是這種不怕被拒絕的態度，讓劉力揚一再地進步，由攝影助理到攝影師，再由攝影師成為老闆。或許該這麼說：越是遭到別人的拒絕，就越是要拿出不達目的誓不罷休的態度，所以「壞」同學「你不讓我做我就偏這樣做」的心態也派上了用場，讓他一步一步走向人生的高峰。

慈善家：你拒絕我？我還懶得理你呢！

慈善家無疑是有錢人，有這樣優秀的條件，自然是別人圍著他轉，當遭到別人的拒絕時他會說：「你憑什麼拒絕我？我還懶得理你呢！」

「好」同學天生條件好，被很多人捧著，比如家長、比如老師和同學們。「好」同學就像慈善家一樣擁有著「壞」同學所沒有的優越感。好同學習慣了被人捧著，從來都是別人滿足自己的要求，一種「唯我獨尊」的思維在不知不覺間就被培養了出來，在這樣的心態下，怎麼能容忍別人對自己的拒絕呢？面對拒絕，為了體現自己「高高在上」的姿態，唯一能保留面子的方法就是反過來不理會對方。

也許，在學校的時候「好」同學是大家眼中的「寶貝」，但到了社會上之後呢？情況變得複雜，人外有人、天外有天，周圍的人不會再像老師和家長一樣圍著好同學轉，如果好同學仍舊是一副「唯我獨尊」的態度，面對拒絕仍舊消極對待，那麼「好」同學就容易錯失很多的機會，甚至與自己的美好前程失之交臂。

江美玲最近又辭職了。朋友李惠芬見到她，非常納悶，問道：「妳是怎麼回事？妳們台大畢業的就真這麼好找工作嗎？」

美玲回答道：「妳不知道我們那個上司有多機車，案子已經改了很多次了，改到我都不知道該怎麼修改了，還是不能過。我覺得他就是故意找我麻煩。」

惠芬：「啊？就只是因為這樣？上司可能是因為看好妳，對妳的要求才比較高。那妳也用不著這樣就辭職吧，現在要找到好工作多不容易呀。」

美玲：「我就是受不了！為什麼我的案子就是不能過？那都是我費盡心血做的，他愛挑剔，我還不想幹了呢。」

惠芬：「妳這沒什麼吧，我在我們公司，有時候半年都還過不了一個案子，我要是妳，老早就辭職幾百次了。那妳接下來打算怎麼辦？」

美玲：「當然是找別的工作啦。」

惠芬：「我聽說我們的同班同學吳翔昊自己開了一家公司，當了老闆，公司規模挺大的，要不問問看他那缺不缺人？」

說著，惠芬就開始撥電話給翔昊，翔昊聽了之後說：「妳要是早點說就好了，我上個月才剛找好人，美玲條件挺不錯的，這樣吧，我再問問看我其他朋友是不是有缺人的。」

惠芬掛了電話之後對美玲說：「真不巧，不過他已經答應要替妳問問看朋友了，他認識的大老闆很多，說不定能找個比上次還要好的工作。」

美玲：「妳別傻了，最好這麼巧都找好了人，他婉拒我，我還不想去呢。」

江美玲的條件令很多人羨慕，可是在工作上卻頻頻遭遇不順，是上司真的針對她嗎？還是上司真的就愛雞蛋裡挑骨頭？其實，真正的原因是江美玲沒有辦法面對別人的拒絕，所以才會顯得「現實」好像和她過不去。

江美玲面對的情況很多人都碰到過，她並不是一個特例，甚至很多人遭遇的情況比她還要更嚴重，但是現實的情況往往無法改變，就看每個人如何對待了。顯然，一向高傲的資優生，受不了多次的拒絕，也不會想辦法去「征服」對方，只會自以為瀟灑地甩手走人。

當朋友熱情地為江美玲介紹工作時，江美玲仍是一副「我才不稀罕」的態度，而不是虛心地拜託別人。

不爭取機會，機會當然不會主動落到頭上。如果「好」同學既有才華，態度又積極，那麼自我的價值才能獲得完整的發揮。也許江美玲真的很有能力，但是不能忍受被拒絕的態度，只會讓她失去更多的機會，很多「好」同學就跟她一樣，空有才華，但最終只能當個小職員。

杜筱楓讀的是中文系，畢業後順利進入一家雜誌社工作，成為一名實習編輯。有一次，總編輯要她去邀請一個漫畫家為雜誌畫插圖，筱楓找到這位漫畫家後，向對方說明了自己的來意。漫畫家說：「不好意思，我現在沒有時間再為其他雜誌畫插圖了，請您再找其他人吧。」

筱楓來找漫畫家之前，根本就沒有想到他會不答應，於是只得向漫畫家說：「您再考考慮吧，我們的雜誌每個月才出一次，工作量不大，您只要抽出一點時間就夠了。」

漫畫家回道：「我畫漫畫就像你們寫文章一樣，必須要有靈感才行，要保證我漫畫的品質，就不能量多。您還是請回吧。」

高傲的筱楓想：「這漫畫家還真難請呀，這麼高傲，有什麼了不起的！」

最後，筱楓只能無功而返，總編輯知道後就對她說：「這位漫畫家的名氣很大，對我們雜誌的銷量影響很大，你想想看還有沒有辦法讓他為雜誌畫插圖。」

筱楓說：「對方態度很硬，我真的沒辦法。」

此時，正好另一位實習編輯陳樂鍾走了過來，聽到對話的他便主動對總編輯說：「我可以試試看嗎？我以前還蠻喜歡這位漫畫家的，說不定能跟他有共鳴。」

當樂鍾見到漫畫家後，漫畫家的態度依舊堅決，但樂鍾說：「我特別喜歡您的漫畫，尤其是小丁，我們很多同學都超喜歡他的！」

漫畫家：「是嗎？我本人也很喜歡小丁這個角色。」

樂鍾：「我們雜誌其實本來是沒有考慮要做漫畫插圖的，可是因為有很多像我這樣喜歡您的粉絲寫信到雜誌社，說我們的雜誌要是能再配上您的漫畫，那就更完美了；我們不想給讀者留下遺憾，也希望我們的雜誌能在您漫畫的幫襯下更顯得完美，讓您的粉絲有更多的機會看到您的漫畫。」

漫畫家一聽，幾碗糖水灌下，立時改口道：「既然這樣，那我儘量完成。」

當樂鍾告訴總編輯，漫畫家答應要替雜誌社畫插圖時，由於感到特別的意外和驚喜，總編輯一下子就記住了他，以後一有什麼事，他都會讓樂鍾來協助，而他也在總編輯的推薦下提前結束了實習，很快就在眾多編輯中脫穎而出，最終成為雜誌主編。

作為實習編輯，杜筱楓和陳樂鍾的能力也許不相上下，但是最後的結果卻大異其趣。同樣是好學生，杜筱楓在面對拒絕時，沒有極力爭取，也沒有想辦法挽回被拒絕的劣勢，只放任事情自由發展，所以面對拒絕時態度非常消極，當然也就沒有辦法將總編輯交代的事情完成。

而陳樂鍾在遭到拒絕後，沒有立即放棄，而是想辦法拉近與漫畫家的距離，當漫畫家在心理上接受了他之後，就很容易答應他所提出的要求了。

同樣的事情卻呈現出兩種結果，這在現實生活中也很常見，這個人出馬就能搞定，而另一個人去就會搞砸——錯不在事，錯的只能是人。

「好」同學本身擁有很好的條件，但之後的路也不見得就會像很多人期望的那樣步步高昇，案例中的杜筱楓和陳樂鍾就是兩種版本，同時也會發展為兩種不同的人生。

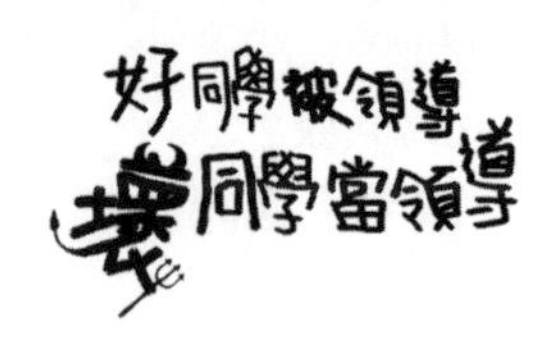

「好」「壞」對比分析

◆「好」同學從小就聽父母的話，是大家眼中的乖孩子，所以總按常理出牌，不做超出常規的事，被拒絕的經歷較少，當面對他人的拒絕時便容易不知所措；「壞」同學經常不走尋常路徑，別人越是拒絕，「壞」同學越起勁——看誰能征服誰！

◆「好」同學因為功課好，被眾人矚目，久了就養成驕傲的心理，當被別人拒絕之後為了顯示自己也很了不起，就會不再理睬對方；「壞」同學沒有「眾星捧月」的心理，所以不把別人的拒絕當回事，會以積極的態度爭取。

◆「好」同學在面對拒絕的時候，處理的態度消極；而「壞」同學則是積極應對，別人的拒絕是常見之事，如果處理的好，就能挽回一次機會，為自己之後的發展做更好的鋪路，成功的機率也就更大，成為人上人也就不奇怪了。

Part6

會哭的孩子有糖吃

乞丐：再有錢也要「哭窮」

乞丐是出來行乞的，所以能得到別人給的自然是越多越好。為了博得更多人的同情，乞丐要學會裝可憐，只有這樣，才能「打動」更多人，裝得越像，別人才會信以為真，只要裝一下可憐就能達到自己的目的，乞丐當然是很樂意的，反正都已經出來行乞了，為何不「收穫」的多一點呢？

「壞」同學從小就習慣了惡作劇，在「使壞」被老師懲罰的時候，他們也早已學會了「示弱」，好讓老師「從輕發落」，當老師威脅他們一定要請家長來學校時，他們多半會發誓下次再也不敢了；然後一轉身，就忘了自己說過的話——這就是「壞」同學的特性。壞同學會「示弱」，就像乞丐「裝可憐」一樣，為了博取他人的同情以達到自己的目的。

每個人都有同情心，當看到別人比自己可憐的時候，就會大發善心，儘量去幫助他人，這也是「裝可憐」為什麼會發生作用的原因。進入社會以後，很多事情自己一個人都不能完成，必須要別人幫上一把，如何讓別人心甘情願地幫助自己呢？這也是需要技巧的。如果你說你很好，別人為什麼還要幫助你？你說你很有錢，別人還有什麼理由要資助你？所以，有時候學會裝一下「可憐」，能讓自己更順利地將事情辦成。「壞」同學在上學的時候就已經具備了這種「本領」。

劉江寶沒有一個好的文憑，畢業之後，靠著朋友的關係來到一家廣告公司上班，朋友特別交代：「你可不要以為這裡是學校，高興來，不高興翹班，你要是做不好，可是會被炒魷魚的。」

江寶拍了拍朋友的肩膀，說道：「知道啦，為了不給你丟臉，我會好好地工作的，你等著瞧，我可是很強的。」

江寶雖然平時吊兒郎當的，但是他在廣告設計方面確實還滿有天分的，有時為了一個廣告案，他能加班到深夜。進入公司半年後，他已經為公司創作了幾個非常有創意的廣告，這天，他來到老闆辦公室，直接對老闆說：「老闆，我覺得您該給我升職了，我的廣告這麼受歡迎，現在最少也該升為副總監了吧？您看我每天加班加得黑眼圈都出來啦。」

老闆也一直知道江寶為公司創造了很大的利潤，可是升職就意味著要加薪，所以當然不會主動去為他升職，卻沒想到江寶自己先提出來了，於是笑著說：「其實你不說，公司也準備升你的，你就好好工作吧。」

又過了半年，江寶做的廣告已經在業界小有名氣，這天，他又來到老闆辦公室，開門見山地對老闆說：「老闆，現在可以考慮讓我當總監了嗎？我現在為了工作，連約會的時間都沒有了，女朋友都把我甩了，愛情沒了，總該讓我在事業上有點成就吧。」

老闆這次就有點為難了，因為總監的位置畢竟得要慎重些，老闆不知道以江寶的個性能不能將總監當好。老闆說：「我再考慮考慮。」

江寶聽了之後說：「老闆您是還沒準備升我吧？老實說，我有個好兄弟，他去公司才不到半年的時間就升為總經理了，我在這裡也已經工作一年了；每天廢寢忘食幹得要死要活的，工作績效更是大家有目共睹，我要是沒那個本錢，我今天也不會來這裡跟您談。」

的確，江寶的付出老闆也都看在眼裡，如果不答應，還真怕他為此跳槽，於是，一週後江寶就成為這家廣告公司的總監了。

劉江寶原本是一個表現不良的「壞」學生，可是，他卻用自己的方法在一年之內升為總監。從案例中可以看出，如果江寶不主動提出升職，老闆是很難主動為他升遷的；而如果江寶直接用威脅的辦法要求老闆替自己升遷，很可能因此激怒老闆，說不定還會適得其反。相反地，他卻是到老闆面前訴說自己的辛苦，陳述自己為公司地貢獻，他這樣說，老闆自然不能不承認他的付出，所以也就只能滿足江寶的要求了。

吳俊堂從專科學校畢業後就不再升學了，兩年後，他竟然已經成為一家公司的總經理，而他的同學卻都還在奔波著找工作呢。見到俊堂有這樣的成就，同學們都都感到非常驚訝，在一場同學會中，老同學林松習和他聊了起來：「我們讀書那時候，還真看不出你是當總經理的料呢。」

俊堂：「我也是一步步爬上去。」

松習：「那你倒是跟我說，你是怎麼抓住機會的？我怎麼就沒這樣的機會？」

俊堂：「當初從學校畢業後，我也不知道自己要做什麼，只能從最底層做起。於是，我就跑業務聯繫客戶。」

松習：「跑業務？這樣也能當上總經理？」

俊堂：「因為我業務做得好呀！我總是能抓住客戶。在外面跑的時候，有些客戶根本不給人說話的機會，一開始就把我趕走了，這時我就會故意等到客戶下班，他們看到我還在等，有時就會心軟，覺得我和其他的業務員不一樣，然後就會開始稍微聊一下我們家的產品。」

松習：「喔，原來如此！要是我，看到別人沒有興趣早離開了，我會想抓緊時間趕快去找下一個客戶。」

俊堂：「一開始的時候，我也是這樣想的。其實是有一次，因為客戶又以沒有時間來敷衍我，當時我走得實在累了，乾脆就在那個客戶的樓下大廳休息，直到客戶下班時看到我，我就順勢迎上去跟他打個招呼，沒想到他非常意外，然後就開始認真地聽我介紹我們的產品。」

松習：「說起來，你確實也擅長這個，反正你臉皮厚，對別人的拒絕也不在意，要是我，別人第一次拒絕我，我就不想再求他了。」

俊堂：「我也是從那一次才發現，很多顧客都是潛在客人，不買只是暫時的，但不代表他不會改變想法，說不定過一會兒就又想買了，主要看你怎麼去打動他。」

松習：「你的絕招還真不少。」

俊堂：「這都是經驗總結，我跟顧客聊天，總像是跟朋友談心一樣，把我的壓力和處境不經意間告訴客人，客人聽了之後多半也會同情我，熟了之後，生意自然也就成了。」

松習：「看來你當上總經理確實是有你的一套啊。」

就像林松習說的那樣，吳俊堂做上總經理確實是有他的一套道理在，不是每一個人都肯向他人「示弱」，也不是每一個人都願意去博取他人的「同情」，而吳俊堂可以！在吳俊堂看來，只要這樣，就能「抓住」自己的客戶，所以在適當的時候讓別人可憐一下自己也不失為一個方法。

有過這樣一項研究：如果媽媽有兩個孩子，一個孩子表現得特別堅強，另一個孩子則表現得較弱，在這樣的情況下，媽媽相對會更加疼愛那個表現較弱的孩子。也許人們都有這樣的心理傾向。

領導者是要有威嚴，要有震懾力的；可是做為領導者，不可避免地要處理很多事情，不是每一件事都是拿出威嚴就能解決的，有時適當地示弱，更能利於事情的解決。

慈善家：再窮也要擺姿態

慈善家用錢來做慈善，慈善做習慣了，難免形成了一種姿態，是一種高高在上的有錢人模樣。即使有一天不再富裕了，這種姿態在一天兩天之內也難以改掉，所以有時候就算委屈自己也要持續「裝闊」。

「好」同學就像慈善家那樣，保持了太久的優越感，也許被別人仰慕和羨慕的感覺太好了，好同學從不擅長去博取他人同情，因為讓別人可憐，與自己習慣性的驕傲心理實在是太矛盾了，寧願自己吃虧受苦，也比被別人同情好。這就是「好」同學的邏輯。

如果你表現得如此高傲，別人當然不可能主動要求幫助你；如果你表現得如此強勢，別人也沒有理由去幫助你。

如果當我們做一件事情時，只要藉由別人的幫忙便能更完美的達成，那又何樂不為？可是，要「好」同學去可憐別人還可以，要是讓別人來可憐自己真會讓好同學無比難受。

鄭言浩從國內上完大學之後又到國外留學，然後以喝過洋墨水的身分回國發展，他很順利地被一家公司錄取，因為條件優秀，所以到公司沒多久，就讓他負起一個重要客戶的案子。

由於這個案子對公司未來的發展至關重要，為了能順利與客戶簽訂合約，言浩也很早就開始準備。

在一次與客戶接觸的過程中，言浩發現，自己以前的高中同學竟然是對方團隊中的一個主管。言浩的老闆知道後，就對他說：「這真是天助我也，你跟你那個同學說一下，讓他們經理把價格再壓低一點，然後把條件再放寬一點，別逼我們這麼緊。」

話雖如此，言浩卻顯得不是很樂意。他想，自己好不容易從國外留學回來，現在卻反而要去請一個高中同學幫忙，書都白讀了嗎？

想不到到了第二天，言浩的同學居然主動先打了通電話給他說：「言浩，需不需要我去求一下經理？我知道你們公司現在正在擴大規模，資金肯定不充裕，而我們的經理對價格又死咬著不放，你們壓力肯定很大。要不這樣，還是你給我一個底線，我跟我們經理的關係還算不錯。到時合約如果簽得成，你們老闆滿意，你也功不可沒呀。」

聽同學這麼一說，言浩就更不想請同學幫忙了，最終他謝絕同學的好意。

鄭言浩就是典型「好」同學的思考邏輯，自以為是從國外留學回來的，於是就覺得比自己那些在國內的同學要強得多，所以死也不願用「裝可憐」的方式贏得對方的幫助，即使對方主動找上門來了，他也堅定的拒絕。

眼前的事實是，公司急需要幫助，因此需要利用鄭言浩的人際關係，可沒想到他卻是那樣一副高傲的姿態。對他來說，公司的難關沒有自己的架子重要，自己的前途也沒有自己的臉面重要，一句話的事，對他來說卻比登天還難。很多「好」同學也像鄭言浩一樣，因為自己「過分的矜持」，讓自己的發展受到了阻礙。

鄧維藍有一顆創業的心，卻沒有創業的條件，她學的是服裝設計，很想開一家工作室，可是苦於沒有創業資金，於是她想先找一個工作，等積累了足夠資金之後再實現自己的夢想。

朋友小可這樣勸她：「妳的條件這麼好，設計的服裝還得過獎，如果經營自己的工作室肯定會成功的，我可是很期待妳的工作是呢。」

維藍：「妳又不是不知道，我剛畢業，錢打哪來呀。」

小可：「可以先向別人借點錢呀，等妳工作室穩定了，這點資金很快就會回收的。」

維藍：「我想靠我自己的錢來開工作室。」

小可：「我說妳阿，妳現在去工作，等到妳賺夠錢，熱情都冷卻了。對了，妳還記得我們那時候的死黨雨萍嗎？她沒上大學，老早就出來創業了，現在聽說生意不錯，要不要先向她借點錢試試看呢？」

維藍：「我最討厭跟別人借錢了，何況又是以前的老同學，開不了口呀。」

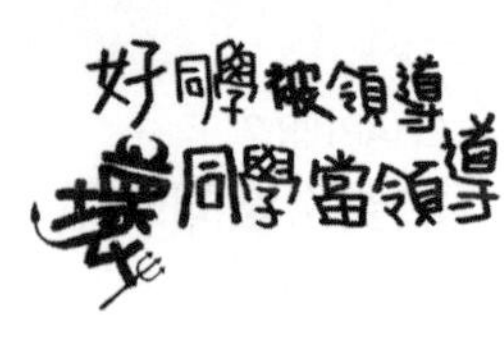

小可：「別想那麼多好不好，妳開口，她一定會幫忙的。」
維藍：「我寧願自己辛苦個幾年，也不想開口向別人借錢。」
小可：「別逞強了，誰都有需要幫助的時候啊，我真搞不懂妳耶。」
鄧維藍就是邁不出心裡這道障礙，她也知道自己只要一開口，對方鐵定會幫忙，可是……
維藍：「我覺得靠自己也沒有什麼不好啊。」
小可：「靠自己是沒什麼不好，但是有捷徑的話又為什麼不走？放著大老闆不做，為什麼要去做一個小職員呢？」
維藍：「好了，妳不用勸我了，給我點時間，反正船到橋頭自然直。」
小可：「唉，妳這人怎麼說不聽呢，到底是哪裡想不透啊。」
小可始終沒有辦法勸動維藍，維藍最後仍決定去當別人手下的一個小職員。

鄧維藍說要靠自己闖出一片天，這句話聽起來是很勵志，可是真的什麼都只能靠自己嗎？先不說鄧維藍要工作幾年才能有足夠的積蓄，關鍵是，眼前正擺著一條可以看見目標的路，她卻因開不了那個口，就讓自己不得不多花費幾年的時間才能實現目標，這真的很令人惋惜。

鄧維藍是因為錢的問題而不肯向別人開口求助，還有很多「好」同學，則是在遇到各式各樣自己無力解決的問題時，不會去選擇求人，只肯選擇硬撐；如果撐過去了還好，可有時候，機會就在眼前，很可能稍縱即逝。

有很多「好」同學就像鄧維藍一樣有才華，但是好的才華養成了高高在上的姿態，此時，這樣的姿態不僅沒有幫助她們大展宏圖，反而讓她們失去了機會，成為束縛她們發展的絆腳石。

「好」「壞」對比分析

◆「好」同學上學的時候，通過自己的努力取得了好的課業成績，於是相信靠自己可以搞定一切，他們不明白為什麼要向別人「裝可憐」；「壞」同學更喜歡走捷徑，如果「裝可憐」就能讓問題立刻解決，他們不明白為什麼不試一下。

◆「好」同學成長過程中培養出來的高姿態，讓他們很難轉變態度去向別人「裝可憐」，所以即使有時候明白這道理，但是對他們來說做起來卻很困難；「壞」同學沒有高姿態，對他們來說「裝可憐」只是為了辦成一件事，根本與尊嚴無關。其實，「裝可憐」並不是真的要去「巴結」別人，而是解決事情時的一種變通手法而已；別人不能處理的事情，你能處理好，那就是能力。

3 CHAPTER

善謀：壞同學是「狐狸」好同學是「黃牛」

有頭腦的人，往往會算計著如何利用像黃牛這樣的人，以使自己有效的達成目標；而當黃牛努力表現自己的同時，正是間接為旁人展現了對方的領導力。

綜觀社會，有多少老闆、主管的學歷，也許不夠高，也沒有那麼博學，但是面對每天紛擾的事物，他們的大腦總在飛轉、盤算……他們的思考邏輯和小職員們不同，小職員們想的是如何盡自己最大的努力去做好本分的工作，老闆和上司們所想的，卻是如何把所有的人都能有效利用以發揮其最大價值。

Part1 你的頭腦「清楚」嗎

狐狸善於攻心

提起狐狸，我們會想到狐狸吃葡萄的故事，它是那麼的狡猾且善於為自己辯護，當饑餓的狐狸看著葡萄架上一串串晶瑩剔透的葡萄時，它口水直流，迫不及待地想要摘下來吃。可是天不遂「狐」願，葡萄架太高，根本就摘不到，最後，狐狸訕訕地走開了，但它對別的動物說：「這葡萄肯定還沒有熟透，是酸的，不好吃。」

狐狸的頭腦是很精明的，它把吃不到葡萄這件無奈的事化解為不屑一顧的事。「壞」同學比任何人都渴望成功，在成功大門面前，他們和狐狸有著一樣的無奈，但他們總是在尋找著另一種可能的發展。

在銷售上，「壞」同學很有心計，對於自己滯銷的產品，他們會採用各種方式來達到促銷目的。「壞」同學的「歪點子」比較多，這些點子往往使得他們做事不拘一格，管理中注重變通，與客戶溝通時能夠取得客戶的滿意與信賴。

萬寶路香煙最初鎖定的客源是女性，這種煙在一八五四年由一家小店生產，在一九〇八年才正式以品牌 Marlboro 為商標註冊登記。

起初，萬寶路的廣告語是「像五月的天氣一樣溫和」，這主要是為了取悅美國的女性消費者，當時美國的年輕女性們奉行享樂主義，因為第一次世界大戰在人們的心中來巨大的傷痛，所以年輕人們都過著一種醉生夢死的生活，大多沉迷於香檳和爵士樂中。

當時，儘管美國每年的吸煙人數在不斷上升，但萬寶路香煙的銷路卻很一般，因為女性們漸漸覺得香煙的白色煙嘴會沾上口紅，看起來很不雅觀；即便後來萬寶路曾推出過紅色煙嘴款香煙，但仍就挽救不了頹勢，這個老字號的香煙漸漸被人遺忘。

一九五四年，公司找上了專業行銷企劃人才，李奧．貝納，希望他能幫忙改造萬寶路，讓它起死回生。李奧．貝納是個典型的「鬼才」，他為此陷入了沉思——萬寶路的香煙產品和包裝都沒有問題，它作為一個歷史悠久、有著良好品質的煙草品牌，卻始終不能在客群中產生很大的號召力，這其中的原因到底是什麼呢？

這個產品的定位是以現實需要為依託，所以這種溫暖柔和的品牌在當時已經打動不了人心——李奧．貝納苦思後，意識到是產品的定位出了問題。戰略問題是一個方向性問題，如果方向錯了，再多的努力都是無用的。

之後，萬寶路一改原本的品牌定位，重新設定為男子漢的香煙。口味上，將原來的淡口味煙變為重口味煙；包裝上，不再是嬌弱、嫵媚的女子形象，而換成目光深沉，渾身散發粗獷、豪氣的男子漢。李奧．貝納設計這樣的形象，靈感來源於美國西部牛仔，它吸引了所有放蕩不羈，追求瀟灑、自由的消費者。

這種成功形象的塑造，使得萬寶路一路走紅。李奧．貝納雖然沒有按照公司原本的希望進行改造，但他的大膽策劃卻在最後被證實是成功的。這種洗盡女人脂粉味的廣告，使得萬寶路的銷售量提高了三倍，萬寶路一舉成為整個美國的第十大香煙品牌，在一九六八年，它的市場占有率甚至躍升為第二名。如今，萬寶路已經是世界知名的品牌。

李奧．貝納獨具匠心，他最終通過策略方向的改變，使得萬寶路由一個被人忽視的香煙品牌變為人們心中的最愛。

李奧．貝納一生從事過很多的職業，他總是在進行不同的嘗試，成功推銷萬寶路是他最大的成就。可以說，他成就了萬寶路，使得這個香煙品牌成為世界名牌；而萬寶路也成就了他，使得他的名字被世人所熟知，一舉成為世界著名的行銷企劃人。

「壞」同學面對困難，永不止步；他們善於思考，大膽創新；他們不害怕失敗，害怕的是沒有嘗試；他們會全身心地投入到一件事情中以尋求解決辦法。就像李奧．貝納對於自己的成功總結道：「我的方法就是把自己浸透在商品之中。」

「壞」同學會反復思考如何達到終極目標，如何取得更好的成果……就是由於這種執著地追求，這種深入地思考，使得「壞」同學走向了成功。

當一個人把自己的工作生活化，處處算計著開創成功的管道時，這樣的人遲早會取得成功。

他一四五公分的個子，在二十七歲的時候還在拿著履歷四處求職。他的學習成績並不好，不愛讀書又調皮。在面試的時候，他和看不起自己的面試官打賭，說自己一定可以達成「每人每月一萬日元」的保險業績。

說起來容易做起來難，因為在當時，保險於一般社會大眾間尚未普及，投保的客戶大多是有閒散資金的有錢人。他雖豪言壯語地接了這個工作，但在他剛成為推銷員的七個月裡，他一份保險業務也沒有拉到。

他作為一個見習推銷員，沒有業務預示著沒有薪水，為了省錢，他徒步上班，中午可以不吃飯，租的是僅容一身的房間。但他依然每天精神抖擻地去上班，他帶著微笑和擦肩而過的行人打招呼。

有一次，有一個老者看到他高興的樣子而大受感動，便邀請他共進午餐。可是他委婉但很紳士地拒絕了，但他說他是推銷保險的，如果老人願意，可以買一份他推銷的保險，他將非常感激。老人欣然同意。就這樣，他達成了第一筆保單業務。

還有一次，他去商店買東西，貨比三家後，他終於找到物美價廉的東西。在結帳時，他突然聽到有人問收銀員：「這個要多少錢？」

收銀員說：「五萬日元。」那個人接著說：「我要二十個。」

他站在這人的身後目瞪口呆，他敏感的神經使他開始注意這個人，他心想，這個人既然這麼有錢，為什麼不找他拉保單呢？

這個有錢人帶著名貴的手錶，結完賬後走進了對街的辦公大樓。他尾隨其後，當走到電梯口時，大樓的管理員恭敬地向那個人致敬，這更讓他相信自己的判斷沒有錯。

他走上前去對管理員說：「剛走進電梯的那位先生是誰？他把東西落在店裡，我幫他帶過來了。」

大樓的管理員說：「是公司的經理。」

這位保險推銷員就是原一平！就是這種緊抓住生活中所有機會的精神，使他最終成為推銷之神。

原一平把推銷帶進了生活，他善於從生活的小細節中尋找契機。在他的推銷生涯裡，他結識很多大人物，但這些大人物並不是不請自來的，而是他通過各種方法爭取來的。他做的是保險業，在他的腦海裡，人生何處不是推銷呢？他的成功就在於他敏感的神經、快速反應的思維和果斷的行動。

「壞」同學做事有勇有謀，他們善於發現生活中的契機以便使自己贏得成功。「壞」同學是工於算計的高手，有準備地去策劃成功，遠比沒有「心計」地等待成功要可靠得多。

黃牛只會埋頭苦幹

黃牛是一種很執拗的動物，牠們的力氣很大，在早期，是農民的得力幫手。「好」同學就像是埋頭苦幹的黃牛，他們不懈努力，卻只是一個勁兒地追求自己預設的目標。

吃苦能幹的精神在現代社會是不是不合時宜呢？在這個資訊化、網路化的現代社會，人們的競爭開始趨向時間性、效率性的競爭，類似黃牛的「拖延戰術」索取得的成效，值不值得稱道呢？

黃牛邁著沉重的步伐，一步一步、一點一點犁完所有的地，就像「好」同學憑藉自己的勤奮認真，比別人付出更多的時間、更多的努力，去相信自己終究會有所成就。

「一分耕耘一分收穫」，這是「好」同學的信念。在職場中，好同學不怕工作的繁瑣，他們往往會多做事、做好事，他們很容易成為公司裡的中堅力量，但卻很少能成為公司內的領導階層。

「好」同學就像是播種的農民，他們為成功做好了一切準備，他們堅信有了春天的播種，就會有秋天的收穫。但這其中有很多的變動因素，他們很少想過會有「欠收」的情況。

張碧娟畢業於知名學府，畢業後，她到一家雜誌社工作，每天的工作就是寫一些稿子。她酷愛寫作，也覺得自己文筆不錯，雖然現在在公司自己還只是個見習生，但她堅信自己最終會成為一名不錯的採訪編輯。

有一次，主編讓她去採訪一位公司老闆，回來寫一篇人物專訪。她非常重視這次採訪，認為這是一次展現自己能力的機會，為此做了充足的準備。

在採訪的時候，她端坐在那裡，一項項認真地提問。這位老闆原來做的是小本生意，現在致富了，面對這樣的採訪卻還是第一次。碧娟問問題的時候很嚴肅，害得這位老闆也很緊張，他斷斷續續地說了幾句話之後就說不下去了。

可是，碧娟並不死心，因為主編說過，這是一篇五千字的人物專訪，所以要盡可能多地去挖掘人物身上的資訊。碧娟開始問這位老闆生活上的一些習慣和個人愛好，這時候，老闆的情緒才終於稍有舒緩，但還是很緊張，面對這樣一個執著的小女孩，他不知道該要如何與她交流。

張碧娟問題問到一半，停了下來。她本來採訪前已經收集了這位老闆的相關資訊，準備了五十多個問題要問，她羅列的問題有次序、有深度，可是當在現實中的採訪遇上了難題，她一時間仍不知該如何處理。

她坐在那裡不知所措起來，這時，在一旁的主編看不下去走了，過來把碧娟叫到外面去。他看了一下碧娟準備的問題，笑了笑，對她說：「這些問題看起來，的確很專業、很有層次，但不實用。」

碧娟納悶了，說：「這是我熬了兩晚才寫出來的，完全按照採訪學上要求的問題排列順序，由簡單到複雜，由表層到深入，有哪裡不對嗎？」

主編拍了拍她的肩膀說：「課本上的知識是死的，人是活的，你按照理論一味埋頭苦幹不會有什麼結果的，你需要的是靈活的實際操作經驗。」

碧娟說：「那要怎麼問啊？不管我問什麼，這老闆看起來都很緊張啊！」

主編接著說：「你要以話家常的方式和他聊天，而不是像你這樣慎重又嚴肅，你本身就把這次談話看得太重要，這樣他當然不會覺得輕鬆。」

碧娟回想了一下，稍微明白了主編說的道理。於是兩人又走回房間，這次換主編坐下來和這位老闆聊天，他們聊到了老闆養的花的品種及如何種植，之後，他們還談了關於「成敗」的問題，接著就自然而然的聯繫到他做生意的失敗和成功。

在主編和這位老闆的對話中，碧娟記錄了所有自己想要了解的資訊，這些資訊自己之前是以問題的形式羅列出來，但主任是通過輕鬆地聊天讓被訪者自己傾訴出來。碧娟滿是欽佩地看著主編，知道自己要學習的地方還多著呢。

張碧娟是一個認真、踏實的女孩。有了採訪任務後，她收集資料、整理資訊，這些前期的準備是必不可少的。在新聞採訪學中，人物採訪這一章節有很多的規定，理論上她可以按照著這些去做；但在實際採訪中，這條路是行不通的。

會出現這種情況，並不是因為張碧娟的事前準備做得不夠充分，只能說是她方式用得不對，因為一味地埋頭苦幹並不一定就能取得好的成果。「好」同學勤奮努力的同時，要用對方法，也要善於運用謀略；主編在和這位老闆的交談中，拋磚引玉地引出這位老闆說話的慾望，接著又循循善誘，讓這位老闆漸漸把話題轉移到自己的生意上。這種「拋磚引玉」、「循循善誘」……都不是埋頭苦幹能得來的，這也許是別人的經驗之談，但這已經是一種謀略。

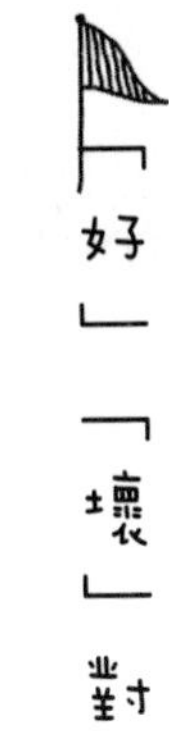

◆「壞」同學頭腦精明，他們無時無刻不在「處心積慮」地尋求成功的方法；「好」同學努力工作，他們為自己的工作「鞠躬盡瘁，死而後已」。

◆「壞」同學學歷不高、也沒有那麼的博學，他們需要靠謀略勝過他人；「好」同學自視甚高，埋頭苦幹，雖然一心投入工作之中，但卻不在意方式和謀略。

◆「壞」同學的目標明確、功利性強；「好」同學默默付出、奉獻精神強。

◆「壞」同學講究方法使自己在成功之路上領先一步；「好」同學埋頭苦幹，在成功之路上總是步履蹣跚。「壞」同學更適合當老闆、領導者，而「好」同學則成為員工、小卒。

Part2

詭詐不是一種罪

狐狸：無商不奸，利潤萬歲

狐狸善於欺騙，在動物界是最不老實的動物，但是趨利避害只是一種生物本能，只不過狐狸表現得尤為明顯罷了。

如果說欺騙有錯的話，那麼狐狸不去欺騙要如何生存呢？牠們沒有獅子強壯的體魄，沒有老虎震懾四方的威嚴，牠們在動物界中只是弱者，所以牠們必須巧舌如簧，去努力爭取別的動物的同情與支援。

「壞」同學也是沒有優勢的，而這種沒有優勢卻成了他們最大的優勢！因為這使得他們善於謀略，為了求得發展，在社會上爭得自己的一席之地，他們就必須「設圈套」，虛張聲勢、製造假像，來達到自己的目的。

「說服」是一門藝術。「壞」同學如果要想抓住顧客，讓顧客接受自己的產品或服務，他們就要善於運用說服這門藝術。

例如，在銷售領域，當客戶是高級知識份子時，有謀略的「壞」同學在推銷產品時，便會採用一分為二的說法：先向顧客說明產品價格、品質、功能等方面的優缺點，再提供部分競爭對手產品的相關資料，最後拋出問題，看似是讓那些「聰明人」做出自己的判斷；但其實，他們在提供資訊的過程中，已然偏向於自家產品了。

當然，針對不同的顧客要有不同的方法，如果顧客是讀過什麼書的人，他們則會單方面地只講自家產品的優勢，對於劣勢他們隻字不提，試圖利用產品的有利面達到說服顧客的目的。

這是他們的經驗總結，也是他們銷售中的小技巧。

都說無商不奸，商人的眼中只有利潤，但是，商人在經商中也會打出「誠信是金」、「以誠立商」的旗號，只不過這些也都只是他們製造的「假象」；壞同學就像是精明的狐狸，他們善於使用計謀、運用虛實之變，以達到自己的目的，而這些計謀正是他們的聰明之處。

李嘉誠事業剛起步的時候，他只是一個塑膠廠的老闆，每天關注塑膠行業的動態資訊，已經成了他的一種習慣。

一次，他翻閱英文版的《塑膠》時看到了一則簡短的報導，說是義大利已經開發出如何用塑膠原料製作塑膠花，這種塑膠花將被大量生產，並走向歐美市場。李嘉誠也想將塑膠花引進香港市場，他決定去義大利看個究竟。

一不做、二不休，他馬上行動，登上了去義大利的航班前往考察。到了義大利，他在飯店住下後，立刻四處打聽這家塑膠公司的地址及其詳細資料。他最先想到的就是要馬上購買這項專利技術。但這也太天真了，因為除非廠商瀕臨倒閉，無法自行進行產品的生產，否則又怎麼會輕易賣出專利？在那個當下顯然是不可能的。

他要如何和廠商接觸、掌握塑膠技術，這還真是一個難題。但他既然來了，就不打算空著手回去，這裡一定有可行的辦法。

出於無奈，他在這家塑膠廠門口轉來轉去，考慮著如何學到新產品的技術。看著眼前大批大批的生產工人，他靈機一動，決定乾脆自己進入生產線學習！這家塑膠廠還在招聘工人，他可以做一名工人，從而進入塑膠廠。

在塑膠廠生產線上，他雖然是一個打雜的，但這正適合他去了解整個生產流程。每天勞累的工作結束後，他都會把自己的所見所聞寫到筆記本上，幾天下來，他對生產流程已經有了一個大致的理解。

然而，他所記錄的都只是一般的生產程序，沒有什麼特別之處，他開始有些氣餒，畢竟真正重要的保密技術環節又豈是那麼容易得知的。不過，在餐廳吃飯的時候，他認識了一些朋友，他們也是塑膠廠生產線上負責某各個部分的技術工人。

李嘉誠試著和這些技術工人攀談了起來，他用英語和他們熟練地交流，詢問他們塑膠花的相關技術。這些技術工人見他了解得很多，也各自說了自己所負責部分的特殊技術。

通過這些零碎資訊，李嘉誠大致貫通了塑膠花製作的要領。

回到香港後，他在塑膠市場上快人一步地生產了塑膠花。這時候，塑膠花因為在歐美市場賣得很好，香港已經開始有人模仿製造，但他帶著從義大利學來的重要技術，以快速行動搶占了香港市場。他的長江塑膠廠營業額急速上升，從此聲名大噪。

李嘉誠的謀略在於他的靈活應變和模仿。雖然模仿很多人都會，但他為了某種產品隻身去義大利學習先進技術的勇氣和膽略，可說是無人可及。「壞」同學就是這樣，為了達到自己的目標，取得更大的利益，他們善於使用謀略搶占商機。

「壞」同學似乎對成功有著更強的慾望，在困難、無奈面前，他們不會輕易悲觀、消極，而是主動尋求解決問題的方法。這些方法，某些時候甚至是帶著些「陰謀詭計」的味道，但他們不管，因為目的只有一個，即謀取更大的利益。

這種超前思維，並能快速展開動作的行動力，是「壞」同學的一筆財富。在商場上，「壞」同學還會利用他們的能言善道，利用自己的話術，製造假象或錯覺，做一個「得了便宜還賣乖」的人。

王燦德成績不好，大學沒考好，父母都勸他苦讀一年隔年再考大學；可是他很固執，有著自己的看法，他覺得考大學不是人生的唯一出路。

他向親朋好友們借了一點錢，再加上家裡給他的創業資金，就這樣做起了服飾生意。鬼使神差地，他的生意做得很好，這讓親朋好友、街坊鄰居們都感到出乎意料。

遠觀他的店面，極其普通，在熱鬧的街道上，他的店面根本不起眼；但每天他的店裡人來人往，顧客特別多。有很多人問起他經營的祕訣是什麼，他只是笑一笑，避而不答。

在他的店裡，服裝樣式很多都很新潮，品質也比較好，屋裡的裝飾都是採用暖色調，牆角還有一個音響，一天到晚都在放流行音樂。

一次，有一個女孩要來買一件T恤，這個女孩在店裡轉來轉去，看著這麼多的款式雖然有點眼花繚亂，但女孩卻似乎很享受這樣的氛圍，慢慢地挑著。

王燦德不像普通老闆那樣，會跟在顧客屁股後面急著招呼，他通常都輕鬆自在地坐在那裡看時尚雜誌。但每次顧客看中衣服，問價格時，他會立刻起身，向顧客詳細介紹衣服的款式及搭配方式。

至於價格，燦德做得更高明，例如這女孩最後看上的是一件白色的T恤，衣服的標價是三百元。

女孩說：「我很喜歡這件T恤，就是太貴了，可不可以便宜一點？」

燦德笑著說：「可以啊，那你覺得該是多少？」

女孩：「這件衣服，我想一百五就能買到吧。」

燦德說：「你的眼光挺準的啊，你說的就是我批來的價錢，但我這裡還是有水電啊、店租的壓力，多少也要賺點利潤吧？這樣吧，你再多介紹你的朋友來多，我就成本價一百五賣你！」

女孩聽了很高興，滿意地付錢走了。這正是他做生意的小縮影。

後來，燦德的生意越來越好，他越賺越多，一年後，他就賺夠了錢把現在的店面買了下來。

王燦德不會做虧本的生意。首先他用店裡輕鬆的環境留住了顧客的腳步，又用衣服的品質和優惠的價格留住了顧客的心。難怪他的生意越來越好。

如果王燦德在價格上一點都不讓步，恐怕就要把顧客嚇跑了吧！收入一般的民眾在買東西的時候，難免會想要討點小便宜，做生意的人要做活生意、做好生意，便要靈活多變才會更受歡迎。

「壞」同學就是利用人們的心理，在做生意的時候利用周圍的環境做輔助，再利用自己的說辭把話說到人們的心坎裡。運用這樣的謀略，又怎麼會不成功呢？

再說到那些大公司之間的談判，一個個都在談判桌上表示自己已做了多大的犧牲和讓步，其實都是一種「蠱惑」，這是他們的策略，他們的「小可憐」無非是想讓對方放棄警惕，主動顯出「同情心」而已。

「壞」同學可以說是大智若愚者，他們不會輕易亮出自己的底牌，他們對謀略的運用可以說是如魚得水。

黃牛：一條路走到底

黃牛拉著沉重的犁，套著韁繩，受農民的驅使，不得已地在田地裡流汗出力。「好」同學有了自己的工作後，他們就開始拚命，像黃牛一樣一步一艱辛地往前慢慢地拖，他們為工作付出自己所有的心血。

黃牛木訥，安守本分；「好」同學堅守原則，從不耍滑頭。對於一筆生意，「好」同學按照一般的模式和客戶洽談，他們不懂得籠絡人心，不會使用手段，不在乎結果——他們只要做出自己最大的努力，就感到問心無愧。

「好」同學按常理出牌，他們按照程序，努力地去說服客戶，就像機械一樣在作事。「好」同學不太會討人歡心，他們說話做事直接了當，不會事先鋪路或者「請君入甕」。

要知道，華人社會人人都講人情，人與人見了面，難免要寒暄幾句，這裡有人情在、有禮儀在。幾句簡單的逢迎拍馬便能很快拉近和客戶的距離，但「好」同學不在乎，他們不善於和別人套交情，在他們的眼中，兩個人見面既然是為了工作，那就打開天窗說亮話，直接開始談論工作上的事就好。

「好」同學不喜歡拐彎抹角，他們盡最大的努力去說服對方，希望事情能有成功的機會，可是這樣的結果往往並不樂觀。他們為工作而工作，卻得不到想要的成效。

董彥傑，名校出身，學的是市場行銷。他對銷售很感興趣，以為推銷出自己的產品本身就是一種成就。在學校的時候，他認真學習專業知識，想著以後推銷時能大展身手。

畢業後，他到一家大的房地產公司做了業務員，作為業務員，他首先要做的就是了解公司的宣傳手冊、懂得公司的企業文化、還有公司的房產資訊。

最近，公司花了大筆的錢做了很多房地產廣告，意圖提高公司的知名度，吸取更多的客戶。

彥傑覺得這是一個很好的時機。於是他在公司的宣傳單上留下了自己的手機號碼，並沿著城市的主要街道把這些宣傳單發了出去。一天，一個客戶撥了電話給他，說是想買一間房，想了解一下房子的相關資訊。接到電話後，彥傑高興的很，他和客戶約好了見面地點，準備協商相關事宜。

在見客戶之前，他準備了很多的草案，這些都是為客戶做的規劃。其實公司對房子的格局有一定的規劃，例如家具的擺設、怎樣的布置才能讓人感到很溫馨等，務求讓客人有家的感覺。

見到客戶後，他胸有成竹，覺得自己這次一定能賣出這間房子。他熱情地向客戶介紹了設計的草圖，並加入些自己的看法；客戶看著這些草圖，很滿意，確實是很有購買的意向。可是，當他們開始談論價格時，卻怎麼都談不攏，彥傑一讓再讓，直到最後，都已經說到最低的價格了。

彥傑苦口婆心地又講了一大堆，說房子的風景不錯、地理位置優秀、離市中心的距離適中……等，但不管他說了再多，因為沒再退讓，客戶便說要再考慮考慮。

眼看到手的肥羊就要跑了，彥傑很惋惜，他把這件事和自己的搭檔小郭說了。小郭也覺得錯過這筆買賣很可惜，可是公司有規定最低價格的限制。小郭想了想，安慰彥傑說他另有辦法。

小郭搜集了別家房地產公司的房產資訊，特別是在價位上和地理位置上和本公司做了比較，然後主動打電話請客戶出來吃飯。當兩個人邊吃邊聊正盡興時，他拿出自己整理的資料給客戶看，小郭說：「房子最關鍵的是要有家的感覺，公司裡的廣告標語就是『送給你家的溫暖』。一個長期在外漂泊打拚的年輕人，需要的正是這樣的感覺。」

客戶看了資料，又聽見他的一番肺腑之言後，在感動之餘很快便和他簽了約。

董彥傑談不來的案子，小郭卻憑一頓飯的功夫就和客戶談成了生意。董彥傑之所以沒有成功，是因為他只「曉之以理」，卻沒有「動之以情」。小郭的做法就很聰明，他以和客戶交朋友的方式，先是約客戶吃飯，在交談中先軟化了客戶，然後將房子和家的感覺聯繫起來，從而打動客戶。

當然，董彥傑也做了自己最大的努力，他把所有有利的資訊都告知客戶，還把價錢壓到了最低，可是，客戶還是沒有接受，而他也已經沒有退路；也許，面對這一筆生意的失敗，他只會感到遺憾，但不會沮喪，因為他自認為已經做出了最大的努力。

但小郭的成功，卻給「好」同學帶來了啟示：要想促成一件事，僅靠努力是不夠的；當一件事通過自己的努力說服還是無法辦到時，就可以採用「非常手段」。

「好」同學不善於使用詭計，他們安於本分做事，卻不懂得如何說服別人，他們雖做了努力，但最終還是看著機會從自己的眼前溜走。

孟綺夏是一間通訊行的售貨員，她熱情開朗，每天都是面帶微笑地為客戶介紹各式各樣的手機。

這樣的工作是她走出校園後的選擇。在拿到學士學位後，她覺得自己因為長時間待在學校裡讀書，已經不知該如何和別人溝通，所以，她想要藉由工作來改變自己。

在學校裡，她每天在自習室、圖書館泡著，同學們都說她是個書呆子，這一點她自己也承認。在通訊行裡，她雖然大部分時間依舊沉默，但一旦有顧客來，她都會主動和客戶攀談，了解顧客的需要，為其介紹一款最適合的手機。

有一次，一個顧客問：「這款手機有什麼功能？」

綺夏慌忙打開手機說：「請您稍等，我幫您看一下，這裡的手機比較多，每個手機裡的功能都不完全一樣。」顧客站在一旁，耐心地等待，順便看著其他的手機。

不一會兒，綺夏說：「這款手機裡有一般手機都有的簡訊、電話簿、音樂播放、相簿、照相機、遊戲等功能，比較特殊的是還有電子書的功能。」

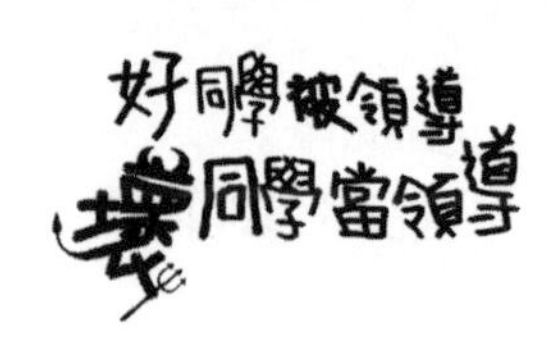

顧客又問：「那有哪些顏色？」

綺夏說：「有紅、白、黑、橘四種，您看您喜歡哪一種顏色？」說著，她拿出了這款有四種顏色手機的宣傳單。

客戶看了看，拿不定主意，還隨口又問了一句：「電池耐用嗎？能用幾天？」

綺夏愣在了那裡，她不知道如何回答，每款手機的待機時間不同，有的久一點，有的就短一些，具體的使用天數她還真不知道。所以綺夏只好說：「這個得根據使用情況。」這時，旁邊的小霞在給另一個客戶介紹手機，客戶問的是同樣的問題，只聽她說：「我鄰居家用的也是這款手機，聽她說待機時可以用四天。」

綺夏回答的雖然誠實，但卻讓顧客覺得這手機似乎沒什麼特別的，於是轉身走了。這時，小霞的顧客聽了對手機的介紹後很滿意，但還是沒有拿定主意要不要買，畢竟先前也沒聽說過這款手機。

小霞見顧客還在猶豫，就又說：「這款手機是店裡賣得最好的一款，電池耐用不說，它的外觀看起來大方，您還可以選擇這款紅色，看起來就特別有活力。」顧客聽小霞這麼一說，登時有些心動，決定買下手機。

綺夏走過去問小霞說：「你鄰居的手機電池真的能用四天嗎？」

小霞笑著說：「我哪有這樣的鄰居啊。手機能用四天是根據我的經驗判斷，手機一般都能夠待機個三四天，顧客既然這樣問，就是想要一個待機時間久一點的，當然說個他想聽的答案就好啦。」

在一旁綺夏一聽，愣住了……

孟綺夏的失敗在於沒有抓住顧客的心理，當顧客拿不定主意時，作為銷售員，應該要主動引導顧客去做出決定；尤其在推銷的過程中，不要讓顧客去做問答題，而是要給客戶拋出選擇題。

故事中的小霞看到猶豫的顧客，主動幫顧客做出選擇，讓顧客沿著她給的思路思考下去，這樣就能很快得出結果。同樣的一個問題：「電池能用多久？」她們兩人的回答就不同，最後導致的結果也不一樣。

孟綺夏實話實說，不敢妄下斷言；而小霞則比較靈活變通，她不直接說出自己的判斷，而是假借鄰居之口，從而讓顧客信服。

同樣是為了取信顧客，「好」同學往往會直接陳述事實，但往往激不起顧客的購買慾望。所以說，好同學做事總是欠缺火候，他們的說服力總是差了一點點，他們總是拘泥於某種固定的模式，他們只敢有一說一、有二說二，所以結果也只會是：十分的努力，半分的結果。

「好」「壞」對比分析

◆「壞」同學善於運用策略，他們做事就像是在用兵打仗，在他們腦海中向來兵不厭詐；「好」同學總是有一說一、硬碰硬，他們為工作而拚工作，沒有什麼技巧。

◆「壞」同學靈活變通，在做事說話上總會設法讓他人滿意；「好」同學堅守原則，一切從實際出發，只會說事實、講道理，很少顧及他人的感受。

◆「壞」同學會猜心思，他們善於發現並滿足對方需要的那個點；「好」同學找不到對方的需求，不知道如何勸說。所以說，「壞」同學善於使用計謀讓自己取得成功，而「好」同學只會努力做事，卻找不到成功的出口。在使用謀略上，「好」同學永遠比「壞」同學後知後覺。

Part3 成功需要「借勢」的謀略

狐狸：狐假虎威，借他人之勢為己用

狐狸在人們的印象中是最狡猾的動物。在寓言故事中，狐狸當了老虎的信使，一日，牠看到森林裡的動物看到自己後都迅速跑開了，牠洋洋得意，以為這是動物們被自己的威勢所嚇倒。而實際上是因為自己的身後，森林之王老虎到了。

這本來是一個諷刺寓言，但換一個角度看問題，我們會得到不同的結果。狐狸其實沒有一點兒威懾力，而牠善於借助老虎的威風讓自己在百獸中處於一種很高的地位。「壞」同學就像狐狸，他們為達到自己的目的，會招賢納士，借助他人的力量使自己更容易扶搖直上。

一個人的力量是有限的，要想辦成一件大事，就要依靠別人的力量，或者說是團隊的力量。「壞」同學可能學歷不高、能力不足、威望不夠，但他們善於借助身邊的人或事來提高自己的知名度，讓自己的事業取得成功。

舉一個簡單的例子。「壞」同學是極善於打廣告的，為了公司的產品被大眾廣泛地了解，他們會聘請知名人士或明星來代言這個產品。這種以明星效應為產品贏得品牌效應的做法在商界已是屢見不鮮了。

一個人的力量是有限的，就像蚍蜉撼大樹，對於事情的成功影響力有限；可是，如果眾人的力量團結在一起，奇跡便發生了。「壞」同學深諳這個道理，在自己不起眼，不被眾人所看好時，他們會通過「借勢」使自己贏得成功。

「壞」同學是預謀成功者，他們就像是蔓生的藤蔓，依靠挺直的牆壁的一步一步向上攀爬，從而讓自己到達希冀的高度。

每個人都有自己的知識儲備，有多有少，但在追求目標的時候，我們完全可以借助他人的能力或所掌握的知識來滿足我們的需要。

比爾蓋茲出生於一個中產家庭，在他十三歲的時候發現自己對軟體方面很有興趣，於是他開始編寫電腦程式。一九七三年時，他考入了哈佛大學，可是他的心思並不完全放在學業上，和其他同學不同，相較其所學，他更專注於自己的電腦事業。於是，在大三的時候，他毅然選擇了輟學，和自己孩童時代的好友一起創建了微軟公司。

在這個公司裡，不用穿制服，也不用穿西裝打領帶，更沒有嚴格苛刻的規章制度，只有一個重要的決策層。比爾蓋茲明白，寬鬆、自由的工作環境，對於培養和吸收具有個性和創意的人才很有必要，而仔細傾聽公司裡聰明人士的意見，是公司未來發展的最佳動能。這就是為什麼微軟公司能吸引許多有不同想法的人，並能在決策會議上聽到不同的聲音。

當世界網路潮流來臨時，一開始，比爾蓋茲並沒有想過要讓微軟排在前幾名，但隨著網路以無法想像的速度快速發展時，出於對整個市場的考慮，比爾蓋茲及他的團隊覺得有必要為此作出行動。

當時微軟賴以生存的產品是 Windows 和 Office。但這些市場占有率不但已經接近飽和，同時更還有同行間的價格競爭等因素，微軟如果想贏得更豐厚的利潤，就必須開闢新的業務。

在網際網路時代，微軟加大了其在網路領域的投資。值得一提的是，在一九九七年，微軟以四億美元的天價併購了矽谷一家成立不足兩年，而其員工不過二十多人的 hotmail 公司。

比爾蓋茲之所以對這個小公司如此重視，是因為該公司免費提供電子郵件業務，有著廣泛的用戶資源，所以，他親自出馬，和 hotmail 公司的年輕創始人在談判桌上進行了詳談。

這次談判很成功，他們就併購問題進行協商，雙方從最初的接觸到完成最終簽約用了不到三個月的時間。

事實證明，比爾蓋茲的決策是對的，微軟公司借助 hotmail 所帶來的註冊用戶和迅速擴大的業務，使公司的 www.msn.com 網站成為全球註冊用戶最多和造訪量最大的網站之一。而隨著時間的推移，hotmail 三億多的註冊用戶，也將於二〇一三年被微軟以 Outlook.com 的形式完全移轉吸收。

比爾蓋茲一步步的成功有很多的助因，微軟併購 hotmail 公司是一個大膽而極具風險的決策，而正是這個決策使他借助 hotmail 之力，使自己旗下網路服務成為全球造訪量最大的網站之一。

回憶以往，比爾蓋茲第一筆生意是與他的姐姐合作，當時他的姐姐是哈佛的學生會主席，這筆生意讓他有了一筆錢；而之後，他用這筆資金和 IBM 簽約，而他就是透過母親與 IBM 的董事長認識。

「壞」同學善於利用市場形勢和人脈關係讓自己取得成功，他們的成功可以說是一種必然。這種狐假虎威式的謀略好似他們的專利，他們運用自如，在社會上為自己爭得一席之地。

黃牛：踏實、勤懇，卻不懂借力

黃牛在人們的印象中是一種任勞任怨、無私奉獻的形象。「好」同學從小認真踏實，完成老師出的一大堆作業，他們沒有任何怨言，他們的骨子裡有著黃牛的那種踏實、肯幹的拚勁。

在原始的農耕時期，人們就是利用黃牛來耕地，黃牛成了農業生產的主力，是農民家中的寶。牛穩重、可靠、奉獻的背影在人們的腦海中揮之不去。

然而，在競爭激烈的現代，農業生產機械化，黃牛已經退出了歷史舞臺，已經失去了原本的價值；而「好」同學的腳踏實地、吃苦耐勞在現代社會中，是不是還能「吃得開」？還能使自己的事業如魚得水呢？

默默耕耘的牛，是在用體力開闢著屬於自己的天地，「好」同學總想憑著自己的知識和能力去開創自己的事業。而現實社會中，人與人的溝通和合作越來越廣泛，可以說這是一個相互借力發展的社會。小到日常的購物，大到國際間的貿易往來，都在借他人之力或他國之力來滿足各自的需求。

「好」同學在自己的職位上默默無聞地奉獻，他們渴求機遇，他們懷抱李白「天生我材必有用」的情懷，等待著機遇的到來。他們有時也會抱怨：

「為什麼我跟主管好像沒什麼共同話題？而那些只會靠關係的卻總能說上幾句，

還因此步步高昇。」

「為什麼我做事堅守原則，一切都為公司利益著想，但得到讚賞的卻都是那些處世圓滑，只會做人不會做事的傢伙？」

「為什麼我費盡心血的企劃案，比不上人家隨手借來的企劃案？」

「我總是晚別人一步成功……」

「好」同學的務實精神沒有錯，錯在不會依靠身邊上司、同事、朋友的力量使自己變得更出色。他們還不懂：借勢也是一種謀略，而成功需要這種謀略。

他是Sony人力資源部的主管，在自己的職位上已經默默工作了三年，在公司裡不是什麼風雲人物，也沒有見過大老闆幾次面，只是靜靜地等待自己升遷機遇的到來。

有一次，公司裡的一名員工在出差的時候腿部意外骨折，已經影響到了工作，上面的人把這件事交給他，要他馬上解決。他費盡腦汁的去想解決辦法，這樣的事以前從沒在公司發生過，沒有先例可以借鑒，是否賠償？如何賠償？賠償多少？一個個都是難題，而這件事如果處理不好，就會影響到公司在員工心中的形象。

如果繼續拖延下去，就會造成更大的負面影響，可自己偏偏苦無良策。

他一直以為自己見多識廣，但現在卻開始嘲笑起自己的黔驢技窮，這種介於公司利益和員工利益之間的權衡，他沒什麼概念，畢竟，自己在這方面所掌握的資訊幾乎為零。

在上頭要求期限的最後一天，他依舊一籌莫展，這時，他的好朋友剛好有空來拜訪他。好朋友問他：「你怎麼愁眉苦臉的，難道一向主張獨立不靠他人的『超人』，也會有遇到困難的時候嗎？」

他說：「公司裡遇到了一件事，挺麻煩的，我想了好幾天，還是沒想到適合的解決方法。」

好朋友聽到後笑了起來說：「你就是這樣固執，自己不知道怎麼做，你不會問別人的意見啊，什麼事都喜歡自己一個人扛。」

他向朋友說明了事情的原委，朋友在別的公司做的也是人力資源，便給他提供了十幾條建議。

他茅塞頓開，想到了這件事的處理方法，還草擬了一份部門處理類似事件的流程報告。上頭的人看到這份報告後很滿意。

事後，他問起朋友是怎麼得到這方面的相關資訊的？朋友道出了其中的祕密。他說，這都得益於自己經常參加人力資源相關的活動、講座，結交了很多業界朋友，平時大家通過電話相互溝通一些資訊，如果誰有解決不了的難題，大家都會根據自己的經驗，互相給予幫助。

他聽到後若有所思……

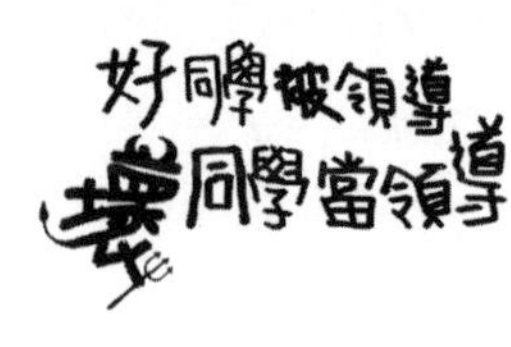

在工作中，「好」同學總想著避免錯誤，好得到老闆的賞識，可是不管自己多努力，效果都還是很一般。故事中的「他」如果善於利用自己身邊的人脈資源，「他」還會默默無聞工作三年得不到賞識嗎？

能和自己交往的人有很多，包括親人、朋友，自己認識的甚至不認識的人，這些都可以成為潛在的資源和能量。一個人所接觸到的領域有限，一個人的智慧和能力有限，要想讓自己在事業上有所成就，就要像御風的鷹，而不是緩慢爬行的蝸牛。

成功的方式有好多種，為什麼不選擇最快的一種方式呢？借助別人的優勢來成就自己的事業並不是一件可恥的事，「好」同學在認真踏實做自己的事時，要注重速度與效率。

要有「效」，就需要積累自己的人脈，這種人脈的積累勢必會出現應酬。在職場中，「好」同學很頭疼應酬，比如請客吃飯之類的事，他們覺得工作就應該踏踏實實、一步一腳印，搞那麼多花招沒有半點用。但真的是這樣嗎？

李國勇在明星大學畢業，學的是市場行銷。在面試的時候，他向老闆談論了自己對行銷理論的理解，老闆很欣賞他，讓他做了行銷經理。

由於他是一個新手，老闆另外派了一個有豐富銷售經驗的楊志清做他的助理。志清很早就輟學幹銷售這行了，他比國勇年齡小，但看起來卻比較成熟。很快，他倆成了好朋友。

作為行銷經理，李國勇難免要陪客戶吃飯，而這成了他最害怕的事。如果自己和客戶身分相當，學歷差不多，那麼從生活到工作上的事便有不少共同的話題可以聊；可是如果遇到的客戶是各行各業裡的大老闆，或是學識經歷和他全然不同的人，他就只能噤若寒蟬，變得無話可說。

助理志清經常提醒他說，只有和客戶聊出興趣、聊出熱度，才會聊出生意。國勇卻只能苦笑說：「有沒有一種萬能的話題，是和所有大老闆們都能聊的？這樣我就不用費盡心思的沒話找話說了。」

志清很得意地笑了笑說：「這個當然有，以我的經驗，大老闆都關注國家大事、宏觀的經濟政策等，他們關心時政，有時候更愛說一些評論。」

國勇：「國內國外、各行各業，事情大大小小的那麼多，我怎麼知道他們關心哪些事？」

志清：「這就是為什麼我每天上班的第一件事就是上網看新聞，除了時政，我連娛樂和體育新聞也不放過，總之從最近、最新、最大的事開始就沒有錯。」

後來在一次與客戶吃飯的過程中，國勇談起了最近出新片的湯姆．克魯斯，這個在世界各地都極具影響力的知名藝人；誰知客戶中有一個剛好是阿湯哥的影迷，客戶興頭一來，和他討論起不少阿湯哥的電影，兩人相談甚歡。

這次愉快的暢談之後，李國勇簽下了一比不錯的交易，而他把這次成功歸功於志清，他自己也沒有想到應酬竟然能夠發揮如此大的作用。這件事之後，李國勇開始對楊志清刮目相看了。

「好」同學是實幹家，但他們往往不懂應酬。故事中的李國勇就是一個典型的例子。「好」同學骨子裡認為，踏實、務實才是正道，而用其他方法取得的成功只是「邪門歪道」。

可以這麼說，「好」同學不善於借助外力使自己走向成功，他們自我感覺良好，崇尚一夫當關、萬夫莫敵的氣勢和氣魄。

其實，應酬也是一種藝術，當中也有技巧，人憑藉應酬聯絡感情，並加深彼此的了解。「好」同學在為人處事中，應該要改變自己的觀念，重視借勢的力量，這樣才會加快自己成功的步伐。

「好」「壞」對比分析

◆「壞」同學不是振臂一呼應者雲集的英雄，但他們善於借助他人的力量，儘快使自己距成功更近；「好」同學就像是孤傲的獨行者，他們做事完全靠實力，一點一點地縮短自己與成功的距離。

◆「壞」同學主動尋求幫助，他們總在尋求捷徑，使事情更快地完成；「好」同學追求「路漫漫其修遠兮，吾將上下而求索」。

◆「壞」同學注重的是合力產生的效果；「好」同學要求的純粹，他們僅靠一己之力，從不求於他人。

◆「壞」同學一般比「好」同學更早取得成功，在學歷、學識上，他們沒有「好」同學那樣的優勢，但他們有自己的謀略，只要是有利於己者都可以為己所用；「好」同學喜好單打獨鬥，他們能力有限，資訊範圍有限，他們把自己侷限於一個小小的領域，變得只擅長於某方面。而這樣的「好」同學最終會被懂得借勢的壞同學招攬，成為「壞」同學的下屬。

4 CHAPTER

心冷：壞同學是「毒蛇」好同學是「白兔」

職場、官場、商場中，「壞」同學面對人情冷暖時相較於「好」同學會淡定許多，對於人生聚散也看得比較開。即便是親人朋友，也總有聚散，更何況是同事？所以，即便是有些傷感，也不會影響到他們的工作情緒，相反地，他們可能會從中挖掘難得的機會。

而「好」同學則不然，當他們面對其他同事的職務調動或是離職時，情緒容易受到影響，甚至一氣之下就會跟著關係較好的同事一起走，氣別人之所氣，失去了原本屬於自己的發展良機。

因此說，「壞」同學就像是冷靜理性的蛇；「好」同學就像活蹦亂跳的兔子。

另外，在作事方法上，「壞」同學也極具蛇的特性，雖然有時也會昂首吐信，但更善於匍匐前進，這樣便可以避免暴露自己，引來禍端；相反地，驕傲的兔子卻總是豎起耳朵、站直了身子蹦跳前進，其結果自然可想而知了。

Part1 面對流言蜚語

蛇總是淺淺入耳

在印度的神話故事裡，蛇會隨著音樂左右搖擺。不過，這是很荒謬的事情，因為蛇的聽覺很不靈敏，牠只能聽到頻率很低的聲波，對於流言蜚語，「壞」同學的聽覺會有意地變得和蛇一樣遲鈍。

「壞」同學不計較那麼多，他們也不輕信謠言，對於辦公室裡的是是非非他們聽而不聞，「壞」同學在流言蜚語上表現得無所謂、不在乎，其實是一種大智若愚的表現。

流言蜚語是什麼？

從字面意思上就可以看出，那多半是一些「無意義」的話，這些話是沒有事實依據的，是一些利用他人的好奇心得以散佈的、有損別人聲譽的壞話。

蛇所能聽到的聲響可以說是淺淺入耳，牠們耳朵的特殊構造影響到了牠們的聽覺，牠們沒有外耳和中耳，所以不擅長接收靠空氣傳導的聲波，但牠們對於地面上傳來的震動異常敏感。

所以，當人行走在荒涼的草地上時，或是用棍棒敲打地面、或是加重腳步行走，都可以驅趕近處的蛇。這就是我們常說的「打草驚蛇」的道理。

「壞」同學不會一味地保持沉默，除非你在他面前指指點點、說三道四，他們才會給予回應，這就像是受到地面震動的蛇。

「壞」同學經常聽到同事跟他說：「你聽到辦公室裡的其他人怎麼批評你了嗎？你該不會到現在還不知道吧？辦公室裡已經傳得到處都是，說你能力差，業務又跑不來，只會在主管面前拍馬屁。」

遇到這種情況，「壞」同學一般都會說：「是嗎？知道了，你忙你的吧，我得先走了，今天下午有個大客戶。」

「壞」同學更專注於做自己的事，他們我行我素，不在意別人怎麼看、怎麼說。我們可以用一句話來形容他們的心態：「走好自己的路，話讓別人去說吧！」

郭嵩濤是公司裡的「空降兵」，他靠自己和公司經理的關係進入了這家廣告公司。

經理是嵩濤的高中同學，他大學同學畢業後進入職場，雖然經歷了很多挫折，但最終小有成就，當上了經理。

至於嵩濤，則沒有考上大學，但一直對動漫設計非常有興趣，一路摸索，至今他的動漫繪製水準已經相當高了。這次來到這家公司，其實是老同學主動聯繫他，請他協助自己打理公司的。

所以嵩濤在加入公司後就直接進入團隊核心，但周遭的同事卻不知道他的來歷，所以有一次，他在擁擠的電梯間中無意聽到同事在議論他。

一個同事說：「那個新來的郭嵩濤還真好運，才剛來就這麼受到禮遇，也不知道有什麼了不起的。」

另一個人說：「還不是靠關係？我最看不慣這種人了。我看啊，說不定根本就只是個會巴結上面的廢物，你知道嗎，平時在公司碰到，他都不太理人。」

還有人說：「好了啦，他才剛到公司沒有多久，我們也不要妄加評論，說不定他真的挺厲害的，只是我們還不知道而已。」

「未必，有能力就不用靠關係進來了。」第一個挑起話題的人接著說。

討論聲接二連三，郭嵩濤擠在人群裡，一言不發。

電梯到了，嵩濤平靜地走出了電梯，後面的幾個同事這才注意到他也在人群中，一個個不禁傻了眼。

對於郭嵩濤來說，這樣的流言蜚語傷害不到自己，因為與其相信別人的胡亂猜疑，惡語中傷，不如一笑而過，用自己的業績來證明自己的實力。

辦公室的流言不足為懼，只要自己知道自己在做什麼，並按照自己認為對的事去做就可以。

「壞」同學面對流言總是粗線條，這些流言就像風一樣，從他們的耳邊吹過，淺淺入耳。

兔子不論巨細，盡收耳中

回想一下，我們抱兔子的時候，都是輕輕地、慢慢地，害怕驚擾了牠。「好」同學自尊心強，就像是敏感的兔子，他們聽不得一點否定的聲音，他們自我感覺良好，但更注重別人對他們的評價。

兔子是柔弱的，看上去弱不禁風，「好」同學也一樣，進入社會後，好同學會受到不同程度的打擊，他們就像是受驚的小兔子一樣東躲西藏，不願面對這個殘酷的現實。

在「好」同學的腦海裡，有太多美好的想像。他們生活在對未來的幻想中。好同學的純潔就像是兔子身上白白的毛皮，什麼潛規則、什麼黑箱作業，在好同學心中只有一個模糊的概念。

兔子以其柔弱贏得他人的喜愛，「好」同學以其聰明贏得他人的稱讚。兔子作為一種草食性動物，想要躲避肉食性動物的攻擊，牠們的反應特別靈敏，稍有風吹草動，牠們就會豎起耳朵，傾聽所有的聲響，並處於一種警覺的狀態。

「好」同學一向聰明乖巧，以高姿態自居，對於流言蜚語，他們像兔子一樣是「願聞其詳」的。在職場中，經常會聽到好同學這樣追問旁人：「你知道某某對我有什麼想法嗎？」、「他是不是在背地裡說了我什麼？他怎麼能這樣批評我呢？」

也許他人會安慰好同學說：「沒有這樣的事，他也只是隨口說說而已，不要放在心上。」但好同學卻會一直放在心上，念念不忘，只想著要找出自己哪裡做錯了，變得心事重重。

徐敏茜是一個品學兼優的學生，她的成績一直都很好，是個在老師、父母的誇讚聲中長大的女孩。

她做事認真努力，唯恐有一絲的疏漏。轉眼間，她大學畢業了，開始自己的職場生涯，在一家工商報社做實習記者。

這個工商報雖是私人公司的內部刊物，但因為讀者遍佈於同行與上下游產業間，其影響力甚高。敏茜本身十分愛好文學，也喜歡文字編輯工作，一直對於自己的寫作能力很有自信，認為自己的文筆不錯；可是，因為她對工商業界的相關資訊理解的太少，在工作前更沒有這方面的知識儲備，所以在寫報導文章時，還是常常覺得力不從心。

一次，在公司的員工餐廳吃飯時，她突然聽到身後隔著兩桌的同事在小聲議論自己。

其中一個同事說：「你看過徐敏茜寫的報導沒？太幼稚了，還文縐縐的，又不是高中生的作文。」

另一個說：「剛畢業學生的文章都是這樣的，他們太偏重於文學性，而不是商業性。」

這兩個人繼續議論著，說著說著就轉移了話題，談起了工作上的其他事。敏茜在一旁聽著，心裡很不是滋味，她對自己失望，心裡一直想著剛才同事的批評，變得煩躁不安。

徐敏茜太在乎別人對自己的評價，以至於讓自己陷入苦惱中不可自拔。人無完人，同事有意無意的評論其實無傷大雅，傳到自己的耳裡後，大可不必驚慌失措、憂心忡忡。

「好」同學對同事的議論聽得太認真、太仔細，他們太在意自己在別人心中的形象。這樣一個追根究柢、不肯善罷甘休的人，如果時時刻刻都在在意別人對自己批判的言語，那麼，他將活在別人的「口水裡」，不但無法讓自己得到心靈的寧靜，更別說要領導他人做事了。

一個人職位越高，越容易成為別人評判的對象，當一個人的心情極容易受到外界干擾時，他又怎麼能帶領團隊完成自己既定的目標呢？

王錚漢以優異的成績畢業於名校，他認為自己的分析、預測能力強，為了能更快適應這個社會，他選擇了做銷售業務。

他的第一份工作，是在一家經銷公司上班，公司經營的是各種健身器材。這些健身器材中賣得最好的一種就是按摩椅，它可以緩解人們的頸肩痠疼、腰痛等症狀。

錚漢從業務員開始做起，由於他講解清楚、服務周到，業績一直在前幾名。一年後，他覺得自己的推銷能力有了很大的提昇，對自己很自信，可以說已經是公司裡元老級的人物了；公司裡的人來來去去，不知已經更替了幾批人，他覺得自己能留下來就是勝利。

他現在是公司裡的後備經理人選，再過幾天，公司便要公開投票選舉經理，他也在做準備，早早寫好了自己的講演稿。

公司要投票選舉那天，辦公室裡人聲鼎沸，大家都在討論選誰最合適。

錚漢站在門外，隱約聽到有位同事說：「誰的業績好就選誰吧，這樣既公平又合理。」

另一個同事卻說：「光看業績可不行，還得看誰有辦事能力，做事能夠考慮的全面才算是有管理才能。」

跟著就聽人接話道：「照你這麼說，王錚漢就不行了，他業績雖好，但做事卻直線條，精力都放在拉業務上，不懂得和同事好好相處。」

同事們的議論還在繼續。王錚漢聽著周圍同事的議論，覺得頭都大了，他暗想，自己努力把業績做得這麼完美，竟然還是不能讓所有人折服，心裡不免失落。

而在接下來的競選演講中，由於他一直受先前同事對自己評論的困擾，頭腦一片空白，說話語無倫次，最後因為這失常的表現，他落選了。

本來王錚漢信心百倍，最後卻失常落敗，這與他的心態有極大的關係。當聽到別人對自己否定的話後，他變得悵然若失，因為他太在意別人的評價；他藉由自己的付出和努力建立自信，卻又因別人對自己的否定而開始不相信自己。

其實對於流言蜚語，「好」同學王錚漢大可不必這樣。他不是聖人，為什麼要取悅所有人呢？每個人都有自己的看法，也許你不被某一群人看好，但這並不代表其他人也都這麼想。

過度的敏感，把所有的批評都聽進心裡，無形中就給「好」同學的成功之路設下了障礙。

「好」「壞」對比分析

◆「壞」同學的聽覺像蛇的一樣，不管自己聽到什麼，只要自己問心無愧，別人說什麼都無所謂；「好」同學則像兔子豎起大耳朵，只想對別人的議論了解得越清楚越好，更把聽到的話通通裝在心裡，反思自我。

◆「壞」同學對於別人背後的議論，像過耳清風一樣一笑置之；「好」同學聽到關於自己的非議就像聽到天大的祕密一樣，他們偷偷記在心裡，並為此焦躁不安。

◆「壞」同學不拘小節，顯得很寬宏大度，容易擁有好人緣；「好」同學有點兒小心眼，他們喜歡聽人議論，卻又耿耿於懷，讓自己陷入一團混亂之中。

◆「壞」同學可以輕鬆地在職場上打拚，贏得屬於自己的一片天地，可以成為獨立的領導者；「好」同學背負著「輿論」的重擔，讓自己舉步維艱，很難有所成就，始終是一個需要人關照的小弟。

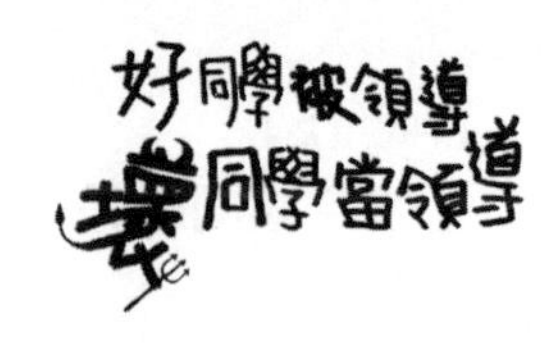

Part2 嫉妒

蛇：視覺遲鈍但專注

蛇的頭很小，有些甚至視覺並不敏感。牠的雙眼位於頭的兩側，視野重疊的範圍很小，並且，牠們對靜止的東西視而不見——這一點，有些像「壞」同學的作風。

「壞」同學飽嘗工作的辛苦，他們對自己取得的成績已經感到很欣慰，所以當見到別人有了更好的成績時，他們不會有太過激烈的反應。

蛇的身體結構特徵使蛇的視覺遲鈍而有限，而在觀察中可以發現，僅憑著有限的視覺，蛇的行動卻是很快的；「壞」同學有自己的目標、有自己的規劃，只要是確定了的事，他們就會朝著這個方向做出努力，他們不專注於比較，他們只知道勇往直前，這一點就像快速爬行的蛇。

「壞」同學知道自己努力的方向，他們不會花太多的時間去和別人一較高下，如果你告訴他，誰誰誰業績排行第一、誰誰誰晉升成了主管、誰誰誰因為表現突出拿了獎金等，他們會冷冷地回答你：「這關我什麼事？」

「壞」同學沒有比較的心思，他們的行走路線，就是點與點相連的直線，這就是他們早已為自己設定的捷徑。那種名叫嫉妒的情緒，是不會在他們身上找到的。對於他人的成就，「壞」同學的視覺和蛇一樣，遲鈍而有限。「壞」同學並不在乎別人做了什麼，他們只專注於自己的事。

張慧珊是應屆畢業生，由於自己學的是新聞，又沒有其他特殊的才能，她只想找一份文職的記者工作。後來，她陰錯陽差地進入了一家發行汽車相關刊物的小公司。不過由於公司的規模比較小，剛剛成立才一年的時間，使得連做記者的她都必須要去跑市場、拉業務。

慧珊本來打算辭職的，她性格文靜，說話細聲細氣，總覺得自己並不適合這份工作；可是，老闆卻不斷鼓勵著公司同仁一起努力。她想，自己才剛進入職場，不該一開始就給自己設下這麼多限制，所以最後決定要留下來試一試。

來公司的前幾天，由於沒有採訪，老闆就讓她坐在辦公室裡了解公司刊物。她靜靜地坐在辦公室裡，認真仔細地看，偌大的辦公室裡，卻讓她覺得有些空蕩蕩地；同事們有的在玩手機，有的在小聲聊天，她不敢主動和別人聊天，只是專心研究刊物。

一個星期後，老闆讓公司裡的七八個人全部去做市場實地訪查，給了他們一天的自由時間，可以結伴，也可以單獨行動。慧珊決定自己一個人單獨行動。到了各商家後，她挨家挨戶地詳盡地向廠商們介紹這份報紙，對於疑問，她是有問必答；可是當她詢問商家是否要買一些廣告時，卻都遭到了回絕。

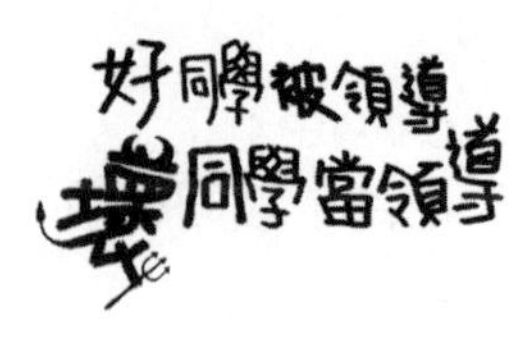

一天下來，回到公司後，同事們都在議論當天的成果，一位同事說：「我訪問了二十個客戶，他們雖然都還沒有答應，但應該都很有機會。」另一位同事說：「我可是找了三十多家，但大部分都沒有意願。唉，聯繫這麼多有什麼用啊？」……

同事的議論聲不絕於耳，慧珊並不放在心上，也沒參與討論，突然，公司裡最活潑的王馨娜跑到她身邊，問她：「妳今天找到幾個客戶啊？怎麼樣啊？我今天可是有成功的喔，有兩個客戶說要在報紙上做個小廣告呢！」慧珊回道：「那很好啊，我今天訪問了十個客戶，但都沒有結果。」

王馨娜很得意地走開了。

在這之後，慧珊沒有被影響。一如既往，她耐著性子地向客戶介紹公司的報刊，全心地投入，抱持著自己只是一個新手的心情，知道自己將會越做越好。幾個月後，她的客源開始慢慢成長，兩年以後，她的業績在公司排行第一。

張慧珊對自己能力的分析很透澈，做業務並不是自己的強項，所以她不會處處拿自己的業績和別人比。拉業務本身就存在很多偶然和幸運，如果因為短時間的「技不如人」而感到失落，對別人產生怨恨的話，自己就很難有長遠的發展。

「壞」同學會選擇一如既往地做事，當別人跑到他們的面前向她炫耀成果時，就像案例中的張慧珊一樣，他們只會簡短地回了句：「那很好啊。」

別人的業績與自己是沒有多大關係的，「壞」同學更看重的是自己的業績。

嫉妒不會引人走向成功，一個人時時刻刻盯著別人的成就而不專心做好自己的事，又怎麼會成功呢？那些堅持自己的夢想並不斷努力的人，才有可能踏上成功之路。

李揚一直熱愛著演藝和文學，成績平平的他，國中畢業後就選擇加入軍隊，當一個不起眼的小兵。雖然自己的很多同學都考上了高中，但他深信，自己雖然提早離開了學校，可終究也是會有一番成就。

從小兵開始幹起，他挖過土壕、建過坑道、運過石灰、學過蓋房子，部隊裡的生活勞累而辛苦，但一直有一個信念支撐著他：他深信自己將會在演藝圈發光發熱。

從電視上看到的演藝明星有很多，對於李揚來說，自己太渺小，就如大漠裡的一粒沙，大海裡的一滴水，但他想要得到大眾的目光，所以從未放棄過成為影藝從業人員的願望。

除了工作之外，他每天抓緊時間讀書看報，他深知自己不能與外界脫節，雖然在部隊裡，但知識、觀念不能落後。在部隊期間，他看了很多的劇本。在空閒的時候，他也嘗試著一些小創作，寫下屬於自己的文字。

退伍後他當過工人，後來，他順利考上了工業大學機械系，也成了一名大學生。而此時，自己的朋友、同學都已經步入職場，成家立業，自己卻還一無所有，只是空有演藝明星夢。

但他不氣餒，不放棄，在朋友的介紹下，他開始參與很多歐美影片的錄音工作。由於他的聲音很有特色，在配音工作中，逐漸形成了自己生動、活潑、極具想像力的配音風格；再後來，他參與了《米老鼠和唐老鴨》中唐老鴨的配音，逐漸為人所熟知。

現在的他，以自己獨特的風格贏得了大陸民眾的喜愛，成為當地著名的配音員。

看到朋友們的成就，李揚沒有產生過嫉妒心，他也羨慕那些上了高中的同學，他也欣賞在演藝圈中嶄露頭角的明星，但他並沒有因此而妄自菲薄。

成功永遠屬於那些有準備的人。「壞」同學明白：當自己還沒有取得什麼成就的時候，大可不必把別人的成就拿來壓迫自己，這種壓迫會讓人產生嫉妒的心理，而這種消極的心理只會減弱自己的鬥志。

「壞」同學忙於自己的奮鬥，他們沒有太多的時間去關注別人的輝煌成就，沒有了情緒上的惆悵和羈絆，他們更容易完成自己的夢想。

兔子：視覺敏銳卻分散

和蛇相比，兔子的視覺敏感，牠們能夠看到近三百六十度的視野，所以總在尋找最好的草地，以及任何可能的威脅。如此敏銳的視覺為牠們的生存提供了得天獨厚的優勢。

「好」同學像兔子一樣，在學習上爭先恐後，拿自己的表現和別人比、拿自己的成績和別人比，對於任何的威脅他們都能敏銳的感覺到。班上誰的功課好、誰的跑步快、誰的圖畫優，他們都瞭若指掌。

正所謂「見賢則思齊」，「好」同學永遠眼觀六路耳聽八方，他們不服輸，恐落人後。「好」同學擁有像兔子一樣敏感的視覺，他們看到別人比自己優秀後，有實力者會暗下決心超越前人，而能力不足者也許就會產生嫉妒的心理。

看到別人比自己優秀，有些「好」同學很容易會憤憤不平，這只能說他們的心胸太狹窄、太敏感。「天外有天，人外有人」，要知道這是亙古不變的道理。

所以說，「好」同學容易被外事所擾，他們的情緒波動幅度大，在他們不停與別人比較的過程中，他們的心緒不容易「風平浪靜」，有時甚至會「驚濤駭浪」。

畢業於名校的鄒美怡是一家時尚雜誌的編輯，她每天的任務很輕鬆，主要是對各種服飾風格寫簡短的小評論，然後寫一些當下的流行風格和自己的看法。

在大學的時候，美怡就喜歡時尚美學，她課餘時間看了很多這方面的書籍，並選修許多關於服飾課程。所以，這對於剛入職場的她來說，這工作是小菜一碟。

在辦公室裡，有一個和美怡志同道合的女孩，叫郭雪瑞，她畢業於一間沒沒無聞的藝術專科學院，學的是服裝設計。兩個人認識後，經常在一起交流心得，成了最好的職場夥伴。

在一次月底的會議上，雪瑞被評選為「最佳員工」，同事們都對她表示祝賀。美怡坐在一旁沒有說話，她在回想平時的工作情況，但想了好久卻仍是不懂，她們兩人平時形影不離，一起吃飯、一起上下班，沒有什麼不同，但為什麼是雪瑞被選為「最佳員工」，而不是自己？

其實，她們兩人在平時的工作中，做事風格有很大的不同。寫文章時，美怡習慣上網搜集資料，並加入自己獨到的評論，她文章確實是寫得越來越好，明顯有很大的進步；相反地，雪瑞卻似乎在寫作上不怎麼用心，而是把注意力都放在如何打扮自己上。

雪瑞雖然文章寫得一般，但是屢次在會議上得到主管的誇讚，美怡這才注意到，雪瑞處事八面玲瓏，她總能讓自己引起上司的注意，並在工作中取悅上司。每當美怡和雪瑞一起走在路上時，遇到上司，雪瑞總是笑臉盈盈地打招呼，聊起天時更有說不完的話；而反觀美怡，她常常不知道要說什麼，感覺很壓抑。

就這樣，雪瑞漸漸成了同事們眼中的「紅人」，美怡感覺自己就像是醜小鴨一樣，在人群裡得不到別人的關注。美怡和雪瑞的差距越來越大，雖然雪瑞對她還是和以前一樣，但她的心底卻開始厭惡起郭雪瑞了。

一次，她們兩人針對服飾風格的討論上，美怡對雪瑞說：「妳發表意見時，語氣能不能禮貌些，妳說話這麼強勢，讓我很不舒服。」

雪瑞說：「我說話一直都是這樣啊，是妳越來越疏遠我了。」

美怡接著說：「妳和以前不一樣了，不只是說話，妳說話作事一定要這麼招搖嗎！」

雪瑞明顯感覺到美怡對自己的不耐煩，起身離開了。

不料，這卻讓鄒美怡更覺得郭雪瑞囂張到了極點，從此兩人就斷了私交。

鄒美怡可以說是被自己的嫉妒所淹沒了。郭雪瑞處事圓滑，使自己在職場中左右逢源，而鄒美怡不善於表達，總以為自己受到上司、同事的冷落。

她們兩個在處理人際關係上有很大的差別，但顯然，郭雪瑞比鄒美怡活潑，在說話作事上更懂得變通，這才使得她成為「最佳員工」。

「好」同學爭強好勝，有很強的嫉妒心理。因此，鄒美怡覺得其實沒有變化的郭雪瑞在舉手投足間發生了很大的變化，並且說話的方式也變得很強勢，並開始對郭雪瑞產生越來越多的不滿。這種嫉妒使鄒美怡產生了錯覺，最後，兩個人由朋友演變到形同陌路。

當員工、朋友之間的能力、地位相當時，如果一方獲得了上司的認可、加薪、升職或培訓的機會時，另一方就很容易產生嫉妒的心理。尤其是好同學，當掌聲聽多了，更加不願承認別人比自己強。

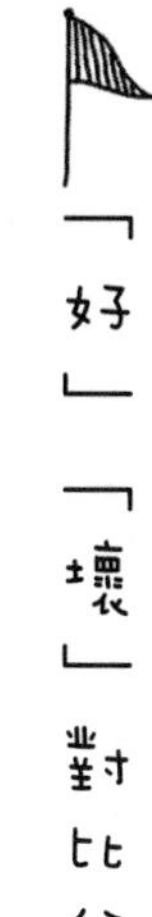

◆「壞」同學像蛇一樣視覺遲鈍而有限，他們往往無視旁人取得的成就，他們有自己關注的事；「好」同學像兔子一樣敏感，視野範圍很廣，他們像瞭望者一樣，緊盯他人的成就，害怕自己落於他人之後。

◆「壞」同學有點兒「麻木不仁」，別人取得的成就對他們來說不是多大的刺激，他們顯得無動於衷；「好」同學謹慎纖細，留意著別人的成功，一旦別人超過了自己，他們就會感到不安。

◆「壞」同學沒有負擔，他們只要求自己做好自己的事，完成自己的目標；「好」同學被別人的成功所累，他們不斷鞭策自己達到別人所在的高度。

◆兩者相較，「壞」同學根據自身情況能夠很快達成自己的目標；而部分「好」同學不切實際，一味地改變自己的目標，看似目標近在咫尺，但卻始終無法到達。

Part3 情緒反應

蛇理性冷血，心情淡然不易受波動

蛇的身子是冰涼的，牠們被稱為冷血動物。牠們沒有自己固定的體溫，體溫隨著周圍環境的變化而變化，對於溫度，牠們有著超強的適應能力。

「壞」同學在和同事共事時，他們沒有太多的熱情，也不會過於疏遠你，他們就像是體溫隨環境而變化的蛇。

都說天下沒有不散的宴席，「壞」同學是深諳這個道理的，他們的心情淡然，極少因職場人事調動而在情緒上大起大落。在「壞」同學眼裡，他和同事的關係就像是同一輛公車上的乘客，乘客有上有下，大家彼此陪伴，一起走過一段不遠不近的路，然後，大家各奔東西，走自己的路。

所以，「壞」同學對新職員的加入或是老同事的離去，沒有太多情緒上的變化。在職場中，他們做著屬於自己的工作，心中裝著工作上的事，而至於陪伴自己工作的人，他們是不大在意的。

「壞」同學在人際關係上表現得相當冷靜，他們就像是理性冷血的蛇，對於周圍人的去留，不會對他們形成太多的感情牽絆。

杜佑瀾是一個很有抱負的人，他早早離開了學校，希望自己在社會中得到磨練。由於學歷低，他在求職中也遇過不少障礙，但他肯付出、有耐力，在工作中敢於挑戰自我，上司交代過的事他會千方百計地尋求解決方法，讓上司滿意。

他平時在職場中沉默寡言，同事之間沒有過多的交流，他一心在工作上，一點一點地積蓄自己的力量。如今，他已經是有著多年工作經驗的財務主管，但他的目標並不止於此。

最近的幾個月，部門同事不斷有人離開，公司裡沒有了往日活躍的氛圍，大家沉浸在傷感中。離職的人員中，有兩個是佑瀾的好朋友；平時的他不喜歡和別人打交道，而有這兩個好朋友陪伴在他身邊，使他感覺自己並不是孤立無援。所以得知他們的求去，佑瀾很傷感。

在一次員工聚會上，同事之間相互敬酒，同事小張很激動地說：「曾經和我一起喝得爛醉如泥的哥兒們就剩下我了，想當初我們一起出差、一起加班……」說著說著，小張又喝起了酒。

一旁另一個同事說：「同事之間好不容易培養出來的感情，如今說走就走，能不感傷嗎？」

大家你一句我一句，沉浸在老員工離職的氛圍中，一時間氣氛有點尷尬。

這時，佑瀾站起身來說道：「我們會牢記和老同事短暫的相處，讓我們為新員工的加入而乾杯。」

這時候，在中間位置坐著的老總第一個站了起來，舉起酒杯。那些傷感的同事們整理好情緒，一個個也站了起來。

在後來的幾天，仍舊有老同事陸陸續續離開，連一直受大家敬重的營銷副總也離開了。副總在工作中不斷鼓勵大家，大家和他比較親近，所以他的離去，無疑是在挑戰公司所有員工的心理極限。

大家心裡有種說不出的滋味，甚至有員工還因為心不在焉，工作出了差錯。為了提振同仁士氣，老總決定，要提升杜佑瀾為營銷副總，讓他成為大家工作的核心！

接任後，杜佑瀾召開會議，好好寬慰大家的情緒一番。最後，他以自己的工作能力和以往的經驗，再為公司創造了更高的效益。

杜佑瀾沒有沉浸在同事離職的感傷之中，面對好友的離職，雖然他也曾有過感傷和不捨，但他以最快的速度調整好自己的情緒，讓自己完全投入到工作中。公司老總正是因為看到了杜佑瀾的沉穩和淡定，最後委以重任，使他得以發揮自己的才能。

可以說，「壞」同學之所以「沒心沒肺」，是因為他們看重的不是同事之間「感情上的事」，而是一直放在心上的「工作上的事」。

這並不是意味著「壞」同學不在乎「同舟共濟」的同事，只是他們更在乎的是如何應對今後的「狂風暴雨」。在這個到處都是「沙場」、到處都充滿競爭的社會裡，為了求得生存，為了讓自己更優秀，「壞」同學只有讓自己變得很平靜，他們不會讓自己情緒上的波動影響到自己的工作。

兔子活潑好動，風吹草動心飄忽

我們經常看到兔子之間的追逐，卻極少看到蛇與蛇之間的遊戲。兔子總是在夥伴之間蹦來跳去，表現得很活潑很歡悅。

「好」同學就像兔子一樣，活躍在同事之間，他們為自己培養了和諧的職場人際關係，在職場中，很容易受到同事的關照和提攜。

如果把公司比作一棵樹的話，那麼每個職員就是樹的一條根，而茂盛的樹下，樹根都是錯綜複雜的，根與根之間互相牽連；由於根的目的都一樣，就是要盡力的汲取養分，好讓樹木更高大、讓枝葉更繁茂，所以，根所形成的這種「互助」關係也就不足為奇了。

職場中同事間的關係，就像是相牽連著的根，彼此緊緊相依，朝夕相處。同事們一起開會討論、一起出差、一起彙報工作……這種親密的關係，使得他們相互支援和依靠。

同事之間的感情不同於親情和友情，但也是一份厚實的感情，存在於職場的人心中。「好」同學特別看重感情，他們受不了自己身邊人事調動的風吹草動。

在職場中，如果遇到身邊的同事離職，你會聽到好同學們的抱怨：「我的好朋友走了，我還留在這裡幹嘛？」、「公司人事調動也太頻繁了吧，人來了又走，我現在很煩，無心工作，也害怕和別人成為朋友，免得到時候又要感傷⋯⋯」

另外，重感情的「好」同學，如果和同事的關係出現了摩擦，他們往往還會意氣用事，成為他們離開的理由：「主管老是丟一堆事情給我，根本是有意刁難，我再也不想替他辦事了！」、「我還真看不慣那個某某某，有他就沒有我！」

「好」同學就像神經高度敏感的兔子，在職場中，他們不懂得如何左右逢源，他們的情緒會因工作上的事或是同事之間的關係變化而產生波動。

王兆傑酷愛演藝和廣告，他的夢想就是將來自己開一家廣告公司，製作出別具一格的廣告。在大學的時候，他閱讀了大量關於廣告和大眾心理的書，此時的他認為，自己已經累積了足夠的相關知識。

畢業後，他和同窗好友李彥文一起來到大城市，他倆胸懷滿腔熱情，經過半個月的求職奔波，終於進入同一家廣告公司上班。

由於有朋友的陪伴，即使在這個陌生的大城市裡，兆傑並沒覺得生活有多艱難，一切進展順利。

兩個人一起租房子，一起上下班，但彼此保持著經濟上的獨立。

可是，隨著工作開始一個月後，壓力漸增，兆傑開始彷徨；因為公司所接的廣告業務都是關於農藥、化肥、種子等，他對這一領域的廣告創意沒有興趣，而且逐漸變得麻木。

生活日復一日，由於沒有了原來找工作時的激情，對工作又不滿意，他開始變得煩躁不安，越來越沒有心思寫廣告文案，他不知道自己到底怎麼了，無法讓情緒安定下來。

不過由於他的天份高，設計的廣告還是被客戶看中了兩個，相較於此，好友彥文的廣告文案卻一個也沒有被選上。在一次午休吃飯的時候，有同事說起了彥文的業績還是掛零，滿嘴嘲弄的語氣；當時他和彥文就在鄰近用餐，彥文氣不過，就和那個同事大吵了一架。

彥文變得心情沮喪，他本以為自己在廣告領域可以做得很好，誰知結果卻不盡人意，再加上受到同事的嘲笑，他覺得自己實在無法再在這個公司待下去了，於是心一橫，選擇了辭職。

看到即將憤然離去的好友，兆傑心裡更亂，一方面這是自己熱愛的工作，但還沒有得心應手；一方面是自己的好友，兩個人志同道合。他夾在之間，不知道該做何選擇。

最後，兆傑還是和彥文一起遞交了辭呈。臨走時，經理極力挽留，對他們說：「你們已經掌握了扎實的理論，又有好的文筆，雖然分公司這邊的業務主要都是有關於農業，但只要你們留下來磨練幾個月，到時候一有機會，就會派你們到台北的總公司去。」可彥文去意已決，兆傑也只好跟著他離開。

「好」同學就是這樣意氣用事，耐不住寂寞。像故事中的彥文，他到公司的一個月雖然沒有創下業績，但只要靜下心來慢慢磨練自己、累積經驗，根本犯不著因為同事的取笑就想離職。

工作不會都是一帆風順的，總有很多意想不到的麻煩事讓自己變得消極和沮喪。王兆傑和李彥文都沒有控制好自己的情緒，在他們失去了工作的同時也失去將來更大的發展機會。

「好」同學感性，面對一些不愉快的人或事，一個人如果心思不寧，總想著不順心的事，又怎麼能做好工作及搞好同事之間的關係呢？

人生中會遇到很多的轉折，當大勢已去，如果不能安撫自己的心緒，使心境平和下來，那麼會很難取得更高的成就。

「好」同學在為人做事中，要注意控制情緒。只有保持平常心，才能讓自己沉穩成熟，從而在事業上有所成就。

熱情的「好」同學也許會問：人非草木，孰能無情？面對職場上人事調動或者是自己工作上的成敗得失，表現出自己的喜怒哀樂是最正常不過的事。其實，面對工作，面對生活，收拾好自己的心情，淡然處之，這樣兩方面才不會相互干擾，才會獲得輕鬆和寧靜。

「好」「壞」對比分析

◆「壞」同學面對人事異動，他們總顯得若無其事，從不情緒化，在外人看來，他們好似鐵石心腸；而「好」同學熱情洋溢，他們和同事建立親密友好的合作關係，面對人事異動，通常情緒波動很大。

◆「壞」同學反應迅速，面對無法改變的事，他們坦然接受，以最快的速度轉換好自己的心情；「好」同學敏感而反應激烈，他們對於周圍突然的變故，往往需要很長的一段時間去消化，他們的心情也將長時間地受到影響。

◆如果把不好的情緒比作一場雨的話，「壞」同學的心情是雨後就會出現彩虹；而「好」同學的心情是雨後的烏雲密布。

◆所以，「壞」同學可以更好地掌控自己的情緒，他們懂得如何取捨，明白自己在做什麼，他們不會讓自己的情緒影響到工作，這種顧全大局的思維和做事方式更容易使他們成為行業中的領導者；「好」同學通常比較感性和情緒化，不能很好地控制自己的心情，只能做一個隨從者，一個小弟。

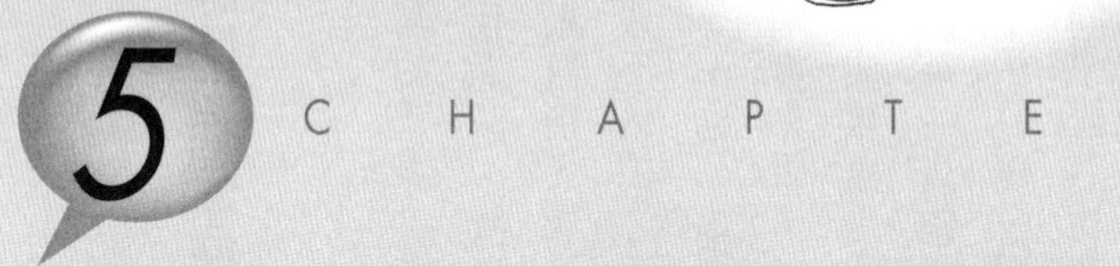

能狼：壞同學是「魔鬼」好同學是「天使」

魔鬼無懼於一切，有著毀滅性的執著，在他們看來：「即使讓我拿出所有財產、精力、時間去拚，我也願意，不論什麼樣的困難，我都不會低頭，一路向前，總有看見黎明的時候。」

相反地，天使崇尚條條大路通羅馬，於是，路有很多，一條條地試，遇到困難就「此路不通，另闢蹊徑」。其結果大概就會變成——「給自己留了後路，就等於是勸自己不要全力以赴」。

「壞」同學，「好」同學，一個魔鬼般的性情，一個天使般的心腸，註定了人生不同的航向。

Part1 對自己

魔鬼心狠，即使對象是自己也一樣

魔鬼是作惡多端的代表：唯恐天下不亂的是魔鬼、助紂為虐的也是魔鬼，總之，魔鬼是心狠手辣的代名詞。魔鬼在實現自己的目的之前，勢必先要將自己練為金剛不壞之身，所以，魔鬼對別人殘忍，對自己也殘忍。

「壞」同學當然不是指心地如魔鬼一樣殘忍的人，而是說，「壞」同學在某些時候，就像魔鬼一樣天不怕、地不怕，擁有這心理的前提是要能忍受常人不能忍受的「痛」；從這一個角度來說，「壞」同學對自己也挺「狠」的。

「壞」同學因為成績差，或者是調皮搗蛋，多半受過不少「皮肉之苦」，對他們來說，自己就是伴隨著「皮肉之苦」成長起來的，久而久之，他們也不把這當回事，在這種環境的薰陶下，「壞」同學變得能忍受常人不能忍受的苦。

另外，「壞」同學雖然功課不好，但是「講義氣」卻是他們共同的特徵，為朋友兩肋插刀的事情想必很多「壞」同學都做過，寧願自己受懲罰也絕不能把朋友「供出來」，所以他們對自己真的能狠下心。

根據「壞」同學以上的經歷，他們不怕狠，也不怕對自己狠，所以能扛下更多的事情，能度過更多的難關，也就更容易成功。

正是這樣的「狠勁」也讓「壞」同學嘗到了很多別人嘗不到的快樂，自然也就比別人得到更多。

黃海生在讀書的時候就想開一間主題餐廳，但剛畢業的學生沒有幾個有能力獨立創業的，他當然也不例外。

海生沒有好資歷能夠找到好工作，既然這樣，他決定辛苦一點去跑保險，如果做得好，錢賺得也快。

也許是在學校到處聯誼時所練就的好口才，總之，海生對客戶總能侃侃而談。能拉住客戶就意味著能拉住保單，也就意味著海生的業績不差，所以，海生不僅加薪，而且連連升職。

轉眼間，兩年過去了，就在海生的保險事業如日中天的時候，他做出了一個令旁人不解的決定——他辭職了。因為他始終沒有忘記自己的主題餐廳夢。

朋友：「真不知道你是怎麼想的，這個想法有點瘋狂啊！你想想，以現在的情況，再差一步你就是公司的領袖人物了，到時候公司就跟是你自己的一樣，為什麼要在這個時間點去冒險創業呢？」

海生：「可是在保險公司工作，不是我想做的事情。」

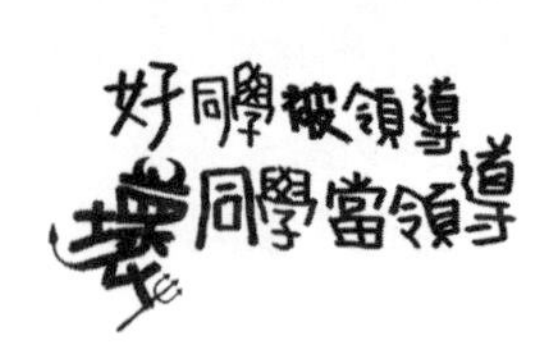

朋友：「你現在開餐廳，需要投入的資金很多，你這兩年的積蓄都投進去不說，說不定還要欠債呢。」

海生：「做生意本來就是有風險的，難道因為有風險就不做了？」

朋友：「就算你沒有賠，要賺錢也不是一時三刻的事，你現在的生活一定會受到影響。幹嘛跟自己過不去呢？」

海生：「這些我都想過，不過就是重新回到以前的生活嘛。苦就苦了，怕什麼。」

朋友：「開公司、當老闆，要操心的事情可多了，你現在這樣多輕鬆，以後要承受的壓力可是很大的，你想過這些沒有？」

海生：「好了，你說的這些我都想過了，謝謝你，但我已經決定了。」

好好的工作辭了，這不是每一個人都能做到的，因為要承擔很多風險，還要承擔很多的壓力，這所有的風險和壓力以及外界的看法，都需要黃海生一個人承擔，從這方面說，黃海生對自己真夠「狠」。

老闆的確很風光，出有名車，入有豪宅，但為什麼不是每一個人都能成為老闆呢？有人說：一個人光鮮的背後一定有不為人知的付出。的確是這樣，沒有一個人的成功是隨便的。如果黃海生沒有一定的承受能力，不敢下這樣果斷的決心，也就不會有機會當上老闆。

翻看「壞」同學成功的經歷，都少不了是在歷練很多困難的事情之後才成功的，或是在歷經磨難之後又起死回生。有時候，「壞」同學知道走這一步將是一步險棋，但是為了贏得更高的目標，他們也願意冒險一試。

艾薩．坎得勒一八五一年出生在美國一個小康家庭中。在美國內戰之後，因為父親得了重病，一家人的生活也陷入了困境。

當時的艾薩為了分擔家計，十九歲的他決定開始找工作，因為從小父親就希望他成為一名受人尊敬的醫生，所以艾薩就到小鎮上一個藥店從學徒當起。

兩年之後，艾薩離開了小鎮，雖然口袋裡只有一．七五美元，但是艾薩還是踏上了去大城市的路，因為他想在大城市裡尋找更好的未來。

到了亞特蘭大以後，好不容易有一家藥店決定收他做員工，但因為與老闆的女兒相戀被阻，艾薩堅決地離開藥店，決定自己創業。

離開藥店後，艾薩與朋友開了一家批發零售藥材的公司，一次，一家藥劑所門前豎起了一個「可口可樂提神健身液」的招牌。

當時，可口可樂還是被作為治療病痛的一種藥物。在艾薩發現之後，艾薩覺得這是一個商機，於是他決定要入股，事後，更花光自己所有的積蓄將可口可樂配方全都買斷。

為了將精力都放在可口可樂的銷售上，艾薩果斷地將手中的其他生意都停止，這

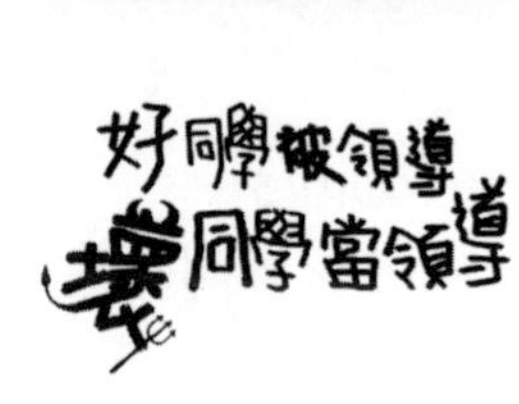

項決定在朋友看來實在冒險極了。朋友很納悶，藥材的零售批發生意已經可以保證生活安穩，為什麼要去做一件充滿風險的事情呢？而且還把自己所有的積蓄都押上，這實在是太不理智了，連一條退路都沒有！

艾薩將所有精力都放在可口可樂上後，把可口可樂的定位由原來的「藥物飲料」轉變為供大眾飲用的飲料。後來艾薩開始了可口可樂的推銷之路，並認真地做著每一筆生意，他贏得了越來越多的客戶，最終他將可口可樂的品牌推廣到全世界。

艾薩．坎得勒沒有好的條件，只能從學徒做起，從最低的起點開始，然後又在沒有資金的窘迫情況下離開小鎮去大城市闖蕩；這本身就需要很大的勇氣，因為出發前一切都是未知，即將遇到什麼也都是難以預料的，而艾薩．坎得勒卻沒有過多地考慮，而是毅然地前往大城市發展。

當生意穩定，生活也逐漸好轉的時候，艾薩．坎得勒在不確定可口可樂市場前景的情況下，又將所有的積蓄都拿出來，孤注一擲地投入到未知領域中；這也是需要很大的勇氣才能決定的，就像旁觀者說的那樣，這有著非常巨大的風險。

正是艾薩．坎得勒擁有常人所不能及的勇氣，決心承擔起所有可能發生的風險，用自己的努力闖出了一片新的天地。

有時候，人對自己「狠」一點，會出現意想不到的驚喜，而「壞」同學總是在進行這樣的嘗試，所以「壞」同學坐上領導者的位置也不是沒有道理的。

天使有那個心，沒那個膽

天使是愛的化身，擁有善良和溫柔的特質，總是在善良地幫助他人。在天使身上，你看不到殘忍的特質，所以天使也不可能對自己「狠心」。

「好」同學從小以課業為重，在「好」同學眼中，只有學習才是「正道」，總是儘量遠離是非，唯恐捲入其中。而「好」同學之所以被稱為「好」同學，是因為他們乖巧聽話，恨不得自己所走的每一步都已經有人幫忙安排好，從小學到大學，他們從來不會做出讓他人跌破眼鏡的事情，更不會去冒險，所以「好」同學也不會做出離經叛道的事情。

家長對「好」同學的要求是：只要讀好書就行了。所以他們心中只有課本，兩耳不聞窗外事。

「好」同學的這些特性，讓他們養成了只做有把握的事情。「好」同學的思考邏輯中沒有去冒險的想法，因為冒險意味著風險，這樣也將讓自己承受著有可能失敗的壓力；如果有一個機會擺在他們的面前，他們會說：「萬一失敗了怎麼辦？」從小養成的特性讓「好」同學即使看到了機會，也不敢輕易嘗試。

不做沒有把握的事情是「好」同學的原則。

但如果一直只做有把握的事情，當然不會出現軒然大波，他們不能對自己「下狠心」，就像天使從來不會對自己「殘忍」一樣。

宋麗菁學的是會計，畢業於知名大學，畢業後，她順利地進入一家外商企業，當起了會計人員。在外人眼中，麗菁是個令人羨慕的上班族。

小的時候，麗菁就經常聽爸媽說：「人生能夠活得安穩踏實最重要。」上大學選科系的時候，麗菁也聽了父母的話，選擇了會計，理由是：「會計是一個安穩的職業。」

每天平平淡淡的生活，麗菁漸漸地厭煩了，一天，她碰見一位朋友，朋友說：「我的咖啡店總算步入正軌，我總算可以放鬆一下了。」

麗菁：「真羨慕妳，可以自己當老闆，不用過著每天朝九晚五的生活。」

朋友：「妳想做也可以呀，妳還是學會計的，肯定能做得比我好。」

麗菁：「創業哪有那麼簡單，我又沒有資金，難不成要我去借錢創業？」

朋友：「我也是借了朋友的錢，借錢也沒什麼，又不是不還。」

麗菁：「我又沒有經營的經驗，萬一經營不好，難道要過著被人追債的生活？我可受不了。」

朋友：「妳怎麼知道一定會失敗呢？我的條件比妳還差，我都不怕了，妳怕什麼，是妳自己嚇自己罷了。」

麗菁：「妳的想法好正面啊。」

朋友：「妳就是標準的自我矛盾，想過自由的生活卻又怕承擔風險，要妳上班卻覺得乏味，所以妳到底想怎樣？」

麗菁：「我不得不承認，妳說得對。」

朋友：「哪個當老闆的最初時不是承擔著一定風險的，難道妳不知道捨不得就得不到嗎？」

麗菁：「妳說的我都知道，我就是只敢想想，不敢去做。」

大部分的「好」同學在畢業之後會做著安穩的工作，如果一直安穩地做下去也好，但有一部分「好」同學卻像宋麗菁一樣，在厭倦了平淡的生活後會想要有所改變，可是卻又害怕承擔風險。宋麗菁把自己分析得很清楚，就是敢想不敢做，有心無膽，這是典型的「好」同學心理。

宋麗菁就像其他「好」同學一樣，他們從來沒有想過，如果自己不按常理出牌會是什麼樣的？所以不敢輕易地嘗試。當自己有一些冒險的想法時，他們首先做的是自己嚇自己，然後把自己的想法壓制住，繼續安穩地生活。

生活中有很多極限運動，就像高空彈跳、衝浪、滑雪等，之所以稱為極限運動，就是挑戰人的心理和身體的承受極限。為什麼這麼危險的運動，卻還是受到許多人的喜愛呢？因為那些人所要體驗的是不同尋常的刺激，也是常人所不能體會的快感，越能承受他人所不能承受的，得到的感觸就越是深刻。道理是一樣的，「好」同學對自己不夠「狠」，所以只會尋求最安穩的結果。

做老闆或者做領導者的人通常要做很多決策，這些決策在事情沒有發生之前就要施行，所以承擔風險是必然的；他們之所以成功，就在於他們敢於冒險，敢於讓自己在最前線迎風破浪。

「好」同學顯然缺乏這樣的勇氣。

王舒華從小功課一直很好，大學學的是人力資源管理，畢業後就開始忙著找工作，最終被一家大公司錄用，在行政部門當個小職員，舒華還算滿意。

行政部門加上主管，一共有四個人。進入公司沒有多久，舒華就趕上公司的一件大事，因為公司剛擴大規模，招進不少新人，所以公司要搬家並重新裝修，而這些事情當然是歸行政部門管，這下他們可有得忙了。

很不巧的是，此時偏偏行政部門的主管因故請假，所以公司只好讓剩餘的三個人自行推薦自己，看誰可以挑起這次裝修的大樑。

舒華心想：「裝修肯定不是件好差事，累是當然的，而且如果裝修得不好，不僅老闆會不滿意，同事們肯定也要抱怨，到時候不但得罪了一堆人還顯得自己沒什麼能力；況且，預定的資金非常有限，這分明就是一個吃力不討好的事情，我才不接呢。」

舒華是這樣想，不過沒想到另一個同事小陳卻主動推薦自己負責這次裝修的工作。小陳與舒華其實是同一批進公司的同仁，資歷並沒有比較深。

隨著裝修的完工日期逐漸逼近，小陳扛著巨大的壓力每天都忙得不可開交，忙著用最少的錢裝修出最好的效果，每買一件東西都要反覆比對。

終於，裝修完工了，公司也到了搬家的時間，這下，也是全公司的人檢驗小陳工作成果的時刻。結果，小陳得到了全公司同事的掌聲和讚揚，裝修非常成功。

這個時候，舒華心中很不是滋味，早知……

可惜，沒有「早知」，只有現在的結果。小陳在這次裝修中體現的能力讓大家有目共睹，在老闆心中也因此留下了深刻的印象。半年後，原來的行政主管辭職了，而小陳自然成為新的行政主管。

王舒華的想法很現實，因為這的確是一個苦差事，何必給自己那麼大的壓力呢？好好做著日常工作有什麼不好嗎？王舒華的想法沒有錯，只是，當他看到小陳受到表揚的時候，內心卻又不能坦然接受，這就是王舒華矛盾的地方了。從這裡可以看出，王舒華希望那時得到掌聲的是自己，也希望被升職的是自己，只是王舒華不願意承擔先前的麻煩和壓力。

很多「好」同學就像王舒華一樣，癥結就在於「對自己不夠狠」。「對自己不夠狠」並不是說對自己不夠殘忍，而是不願承受任何不好的可能，比如過度的勞累、過大的壓力、輿論的撻伐，其實每個人都不希望經歷這些，只是有時候要實現更高的目標，就必須要經歷這一切。所以，當「好」同學總是逃避這些不好的感受時，也就失去了潛在的「領導力」。

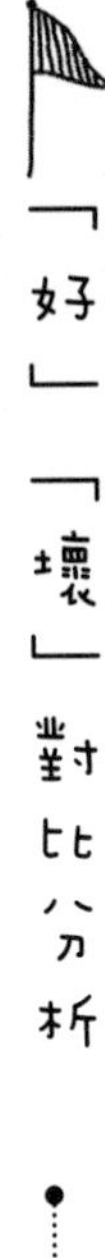

◆「好」同學因為乖巧，所以沒有受過太多「皮肉之苦」，對於苦與累的承受力比較低；「壞」同學調皮搗蛋，「皮肉之苦」就像家常便飯一樣經常發生，這使他們能無視勞累或者辛苦。

◆「好」同學過慣了安穩的生活，不願冒險是他們的特性；「壞」同學從小就開始各種旁門左道的遊戲，日子越新奇越有意思，所以他們不喜歡安穩的生活，即使冒險，為了追求不尋常，他們也會在所不惜。

◆不管是身體的勞累，還是心理上面的壓力，「壞」同學的承受能力都比「好」同學要強，是因為「壞」同學的天性使然也好，是從小養成的習慣也好，總之，「壞」同學能對自己「狠」的特性，讓他們更容易成為經歷風霜的領導者。

Part2 對他人

魔鬼：對別人的仁慈就是對自己的殘忍

魔鬼可不是好惹的，且不說你惹了魔鬼沒有好下場，有時，你不惹他卻還可能受到他威脅呢。要知道，魔鬼如果對自己的對手仁慈，那就不叫魔鬼了。

「壞」同學的「壞」不單單指課業成績不好，如果這樣也就算了，讓人擔憂的是，壞同學還會招惹是非。

「壞」同學的臉上就是一副「我可不是好惹」的模樣。對他們來說，偶爾欺負一下「弱小」本就不是什麼大不了的事情，就更別提如果他人來招惹壞同學的話將會嘗到什麼樣的下場了，「壞」同學肯定不會善罷甘休的。「大事化小，小事化無」，根本不是壞同學的作風，他們唯恐天下不亂，唯恐日子過得平淡無味，所以與「敵人」勢必要奮戰到底。

「壞」同學相信，如果自己對「敵人」心軟，敵人就會得寸進尺地欺負到自己頭上，所以他們堅信「不能對敵人仁慈」的信條——不能屈居於人下的風格，顯示著「壞」同學做領導者的風範。

「壞」同學不會對「敵人」仁慈的特點就像魔鬼不會放過招惹自己的人一樣，當「壞」同學進入到社會時，不管是自己經營公司還是進入職場，勢必都會遇到很多的競爭對手，各人都為了利益而針鋒相對，各自想辦法使自身獲得更多的利益。「壞」同學為了爭取屬於自己的利益而不惜與對手「過招」的特性，往往正是他們能更得到更好發展的原因。

謝峰武很早就離開學校了，然後到父親的裝修公司上班，父親沒有想到，謝峰武在學習上不開竅，在談生意上卻是蠻有一套的。

這天，王先生來到公司，謝峰武接待了他：「先生，有什麼需要幫助的？」

王先生：「我剛買了房子，現在就要裝修。」

謝峰武：「那您的預算是多少呢？」

王先生：「預算大概就在8萬元以內，剛買完房，現在到處都需要錢，孩子馬上要考大學了，所以儘量不要超出這個預算。」

謝峰武答應了，開始率領裝修隊開工。

在裝修的過程當中，王先生不斷要求保證裝修效果，很多東西都要求好的，如果按照他的要求，裝修費用一定會超過預算。謝峰武揣測，王先生說預算是8萬，但即使是10萬應該也能接受。於是，為了獲得王先生對裝修效果的認可，謝峰武開始不斷地建議王先生：「室內的漆很重要，必須用最好的漆才能保證健康安全」、「還有這個門，必須要最好的，現在的防盜措施一定要做到最好」、「現在要把櫥櫃和衣櫃都做好才行，拖的時間越長越不划算。」

王先生聽了之後說：「你這樣要求，我覺得恐怕要超出預算了呀。」

謝峰武：「裝修是大事，一輩子就裝修這一兩次的，最好一步到位，你要是將來再換，會更不划算的。」

王先生聽了聽覺得也是，就同意了。

裝修結束了，王先生對裝修效果很滿意，但裝修費用是十萬五千元，王先生對謝峰武說：「還是超出了預算呀。」

謝峰武：「裝修超出預算是很正常的，您這超出的還不算多，但您看裝修出來的效果，絕對值呀。」

王先生：「看來，以後我要省吃儉用了，呵呵。」

父親見謝峰武很能揣測客戶的心思，處理問題也很靈活，於是就把公司交給謝峰武打理，最終謝峰武也把公司經營得有模有樣。

顧客與商家之間是買賣關係，買家出的價越高，對賣家就越有利，所以從這一個角度說，在買家與賣家「競爭」關係中獲勝，就要爭取為自己賺取利益。

王先生已經表明如果超出預算會給自己帶來經濟壓力，而謝峰武並沒有真的乖乖聽王先生表面的話，而是揣測他求好的心理，既滿足了客戶的真實意願，也為自己公司贏得了更大的利潤，謝峰武的方法才是做生意可取的方法。如此看來，謝峰武非常適合做生意，也有望成為成功的老闆。

「壞」同學的「壞」並不是真的做一些出格的事情，而是在某些情形下用一些特別的技巧方法去達到自己的目的，而這些方法在他人看來是無可厚非的，也並不是真的對對手「殘忍」，而是特定的遊戲規則。

陶志屬於天資聰明又天生貪玩的人，什麼都不放在眼裡，幾乎是一路混到了畢業，無所事事的他在朋友的關係下進入到一家公司。

陶志雖然不愛讀書，但並不是沒有優點。一次，公司要拓展規模，建立分公司，要購買一塊地皮，經考察之後，公司看中了一棟小樓，無論是地理位置還是面積都非常合適。

但是，這棟小樓已經賣給一個準備開酒吧的商人，這位商人以45萬的價格買下之後就開始大肆地裝修，光裝修費就花了30萬，即使這樣，還沒有裝修完成，但是，現在的支出已經遠遠超過了預算，所以這位元商人已無力再維持下去。

這對陶志的公司來說無疑是一個好消息。陶志自告奮勇地要求去跟這位商人談判，對陶志來說，「拿下」這位商人簡直是小菜一碟。

陶志：「我想以45萬的價格買下這棟小樓，賣不賣？」

商人非常吃驚地說：「開什麼玩笑，我買的時候就是45萬，又加上裝修投入了30

多萬，你看現在基本已經裝修好了，你們連裝修都省了，上哪兒去找這麼好的事情呀。」

陶志：「你的裝修倒像是個花哨的酒吧，我們是用來辦公的，到時候勢必又要把這些全換了，花費的錢更多，算下來我們也不划算，這樣吧，我再加10萬，55萬是我們預算的底線，你要是不同意我們就重新選址。」

跟著陶志一起去的同事聽陶志報出價格的時候也嚇了一跳，可沒想到，商人答應了。因為商人覺得雖然賠了將近20萬，但是如果一直這樣拖下去，欠的債會更多，眼下先把銀行的貸款還上再說。而陶志正是猜到商人會這樣想，所以陶志覺得55萬正是合適的價格。

回來的路上，同事說：「陶志，這下那位商人就賠了將近20萬呀，這可不是一筆小數目，你也真敢叫價。」

陶志說：「我是站在這個商人的角度，考慮他的處境才定的這個價，這叫生意場上的策略，這意味著為我們公司省下了20萬的開支。」

公司也對陶志的貢獻驚喜不已，日後有重大事情都會讓陶志參與，陶志很快成為公司業務的頂樑柱。

陶志的做法無可厚非，就像陶志說的那樣：這是生意場上的策略。能為公司省下20萬的開支，並不是每一個人都能做到的，因為這裡面會有人就像陶志的同事那樣

「不敢叫價」，那吃虧的肯定是自己。

有人會有這樣的經驗，去買衣服的時候，當老闆說出衣服的標價時，有的顧客敢大幅度地砍價，而有的顧客卻是小幅度地砍價，也就是日常生活中不會砍價的類型，顯然，敢於砍價的顧客通常能以較低的價格買到同樣的衣服。其實，這是同樣的道理，你如果對競爭對手仁慈的話，吃虧的是自己。

就像陶志一樣，「壞」同學更擅長應付競爭對手，換來的也是利於自己的利益，這當然能給「壞」同學帶來更好的發展了。

天使：冤家宜解不宜結

天使是如此美好的形象，是化解他人痛苦的使者，所以天使不僅不會跟他人結怨，還會竭盡所能地化解怨恨。

乖巧聽話的「好」同學就像天使一樣，希望「天下太平」。好同學的好不僅是指成績好，也指他們不會惹是生非，能與同學和睦相處，也不會欺負誰，所以才稱為「好」同學。這也是「好」同學讓家長放心，讓老師喜歡的原因，因為他們不會給家長和老師找任何的麻煩。

這樣的「好」同學就像天使一樣善良，因為怕惹麻煩，所以不論遇到什麼事情都會抱著「大事化小，小事化無」的心態一味忍讓，當帶著這種慣性面對競爭對手的時候，一味忍讓卻只會讓對方覺得你很容易妥協，而他們也會得寸進尺的要求，到後來，結果就是「好」同學一定會吃虧。

王君寶大學學的是市場行銷，理論知識學得充實，因為他一直對推銷大王喬吉拉德崇拜不已，於是畢業後就去了一家汽車銷售公司，從汽車銷售員做起。

這天，一個之前看過車的顧客又來了，君寶趕緊上去接待：「今天有時間又來看車了？」

顧客：「是呀，來看看，如果可以的話，今天就買走了。」

於是君寶把車子的性能又講了一遍，客戶邊聽邊點頭，君寶見客人一副滿意的樣子，就對他說：「現在買非常划算，原價是五十八萬六，現在剛好我們有活動優惠，現省一萬元。」

客戶：「什麼？幾十萬的車才優惠一萬元？我把你當朋友才又來找你的，你給的優惠也太少了吧。」

君寶見客戶非常不滿意，怕他就此走人，於是趕緊說：「其實，現在的車沒什麼利潤，平時根本不太可能有優惠，現在您是剛好趕上活動才有優惠的。」

這客人也不傻，看君寶的模樣就知道還有談判空間，於是說道：「要是再便宜些，我今天就買。」

君寶：「那您怎麼想呢？」

客人：「那簡單，就五五萬吧。」

君寶聽了只能無奈地說：「這樣的價格我們連進貨都進不來，您也要為我們考慮一下。」

沒想到客人一聽，轉身就走。這下君寶慌了，只好對他說：「別這樣，我也很為難，要不這樣好了，我們彼此打個折，就取中間的五十六萬五，怎麼樣？」

顧客心中暗喜，知道自己已經占了上風，就對君寶說：「最多就五十六萬，我是不會再加價了，你要是不賣，我就走了。」

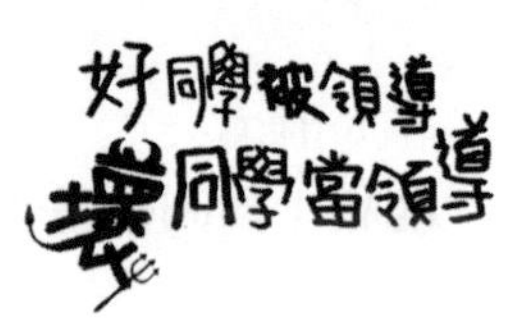

君寶經驗畢竟還不夠，很怕這到手的鴨子就這麼飛了，於是只好答應說：「好吧，五十六萬。」

此時，經理正好從一旁經過，眼見君寶的成交價已經說出口了，也不方便再插話進去，但等顧客走了後，經理不但狠狠的罵了他一頓，更把這部車子的抽成也取消了。說到底，他可真是白忙一場了。

王君寶站在銷售者的位子，卻被顧客牽著鼻子走，這正是因為王君寶一直擔心顧客會生氣走人，所以才一再忍讓；而顧客也明顯看到了王君寶的「好欺負」，所以就占盡上風，打蛇隨竿上。

接著我們再看看王君寶的「遭遇」：因為以低價賣汽車顧客，不僅挨了上司的罵，更是做了白工，真正是吃力不討好。可是這有什麼辦法呢？只能說王君寶太好說話了，好到讓顧客占了便宜，卻害得自己一無所獲。以王君寶這樣的心態以及與對手打交道的方式，別說被升遷了，連現階段的事情都未必能做得好。

很多「好」同學也會像王君寶一樣，不站在自己的立場上考慮，而是將利益讓給對方；如果是在平常的人際關係中，王君寶的處理方法也許會為他帶來良好的人際關係，可是這畢竟是競爭激烈的商場，像王君寶這樣的心態和處理方式，無論是在職場上，還是自己創辦公司，都很難生存下去。

張穎達從大學畢業後被一家外商企業的經銷部聘用，而他才進入公司不久，銷售團隊馬上就要和一家公司談判合作的事情了。

公司為了考驗穎達的工作能力，這次特地讓穎達帶隊與客戶展開談判。

談判開始了，雙方在交貨時間上出現了分歧。

客戶：「能不能延長交貨的日期？這樣我們才能保證產品的品質。」

穎達：「可是我們要求交貨的日期是按照一般的常規，並沒有特別嚴格。」

客戶：「我們公司現在正處於發展的關鍵時期，有很多事情需要處理，希望貴公司能再寬限一下交貨的時間。」

穎達：「如果我們寬限你們的時間，我們公司就有可能面臨缺貨的困境，到時候的損失就不只是金錢了。」

客戶：「我們公司現在正處於發展階段，如果這次你寬限我們一些，將來等公司規模擴大之後，我們還會繼續合作，到時候交貨的時間就能大大地縮短了。拜託，就這一次。」

穎達：「這樣我真的沒有辦法對公司交代。」

客戶：「如果貴公司不能寬限時間，那不是故意為難我們嘛，以後或許就沒有合作的機會了。」

穎達聽了之後，心想萬一真的失去顧客就不好辦了，於是就說：「既然這樣，那就寬限一段時間，但是不能太多。」

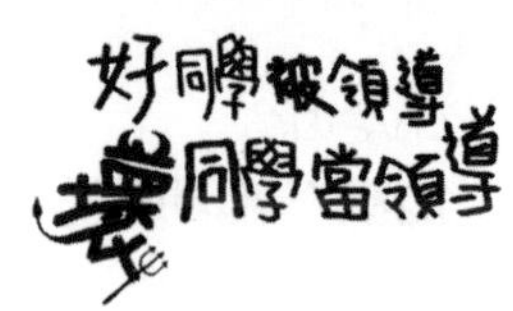

客戶見穎達鬆口了，覺得自己心中預想的時間肯定也能得到穎達的同意，於是就又提出了自己要求的時間。果然，穎達覺得既然已經寬鬆了，也不差這幾天，於是就答應了。

事後，穎達雖然順利地簽下合約，但事後營銷經理卻對他說：「談判是需要技巧的，顧客的說法有可能只是一種推託之辭，如果到時缺貨了怎麼辦？你越是替顧客著想，他們就越會得寸進尺，幸好這次是交貨時間，如果是價格方面的異議，你這樣向顧客妥協，我們豈不是賠大了。」

顯然，公司對張穎達這次的表現不滿意。

不管是不是客戶使用了談判技巧，首先，張穎達的心態就是有問題的。第一，害怕失去顧客，不想讓顧客感覺自己是不近人情的公司代表；第二，在第一次答應了客戶之後，還接二連三的答應客戶的其他要求。這就是一味忍讓的結果。

張穎達忍讓的心態容易導致讓對方占了上風，而與競爭對手打交道，如果想贏對方，就要讓對方在自己的掌控之中，而不是被對方引導。如果是後者，勢必會失敗。

競爭對手也是「狡猾」的，如果看到你非常「好說話」，就會提出更多的要求來，他們是不會考慮你的利益的，所以在與競爭對手「過招」的時候，不能讓對方看到自己的軟弱，而是要拿出「勢在必得」的姿態，這樣才有可能占據上風。

無論是在公司上班，還是自己經營公司，都不可避免地要與很多的客戶合作，所以「好」同學一味忍讓的心態是很吃虧的。

「好」「壞」對比分析

◆「好」同學順從的性格容易養成忍讓的個性；「壞」同學不吃虧的習慣讓他們總能想辦法贏對方。

◆「好」同學習慣與他人和睦相處，此時，如果對方要求過多，為了保持良好的氛圍，「好」同學只能答應對方的要求；「壞」同學經常與各種麻煩為伴，所以根本無懼是非，這也讓他們能夠大膽地放手做，於是就能以常人做不到的方式「拿下」客戶，成功的機率也就更大。從上邊就能看出來，「壞」同學能夠為自己贏得更大的利益，也善於處理各種利益關係，他們的這種特點似乎更適合做領導者。

Part3

優先「愛」自己，我的地盤我做主

魔鬼，該爭取時絕不退讓

魔鬼是殘忍和兇狠的，具有這樣形象的魔鬼當然也是自私的，別說是拿走屬於自己的東西了，即使是不屬於自己的東西，他們也要搶走。身為魔鬼當然是不肯吃虧的。

「壞」同學也是不懂得謙讓的人，他們的做法是：能爭到手的一定要爭取到。他們不會掩飾自己對某些東西的喜歡，「喜歡就拿」是他們的作風。從這方面來看，「壞」同學好像是不懂謙讓而又自私的人，沒有辦法，他們不在乎，他們就是別人眼中的「壞」同學，他們絲毫不會掩飾真正的自我。

「壞」同學功課不好，但是在體育場上卻經常能看到他們的身影，也許是因為不安分的情緒無處發洩、也許是因為精力過剩，他們既然無法在學業上找到成就感，於是就喜歡用運動的方式來展現自己。而運動其實無形的包含很多競爭，比如說足球和籃球，在競賽的時刻，他們會用最後一絲力氣來爭取自己的榮譽。所以，從這一點來看，「壞」同學養成「不退讓」的特性也是有原因的。

「壞」同學的這一點特性如同魔鬼對自己想要的東西一定不會退讓一樣。現代社會，機會都是自己爭取來的，既然是機會，那肯定會有很多人都想要爭取，這個時候，「壞」同學是絕對不會退讓的，因為他們覺得敢於爭取自己想要的東西是天經地義的。

王翰元國中畢業後去了一家汽車修理廠當學徒，可是三年後，當他的同學才高中畢業時，他已經是這家汽車修理廠的老闆了。這讓當時在學校經常一起玩的同學們驚訝不已。

同學：「嘿，還真看不出來你走了什麼狗屎運，居然已經是大老闆啦。」

翰元：「確實是走運啊，哈哈，要我讀書我是死路一條，不過，現在這條路也不錯。」

同學：「你當學徒也能當上老闆，這到底怎麼回事？」

翰元：「剛開始去的時候，我什麼也不會，能做的只有學徒。不過因為店裡的生意超級好，讓我很快就學到各種技術了。」

同學：「老闆特別栽培你？」

翰元：「不是，是我自己爭取來的。學徒做了半年後，我都會找機會幫顧客修車，當師傅忙不過來時，我就會趁機頂上，這樣我才有機會練技術。」

同學：「所以你學徒當了多久？」

翰元：「一年左右。當我覺得自己已經學得差不多的時候，就主動向老闆說我不當學徒了，還要老闆給我加薪，並且答應要幫老闆帶徒弟。後來，剛好老闆突然決定要全家移民美國，於是我就接收了這家店。」

同學：「是喔，不過其他人沒有想接手的嗎？還是你出的錢最多？」

翰元：「當然有，有好幾個資歷比我深的師傅都想接手，但是既然大家都想爭取，我又為什麼不能？而且我相信我能比他們經營得更好。當時我就告訴老闆，我一定會把這家店經營的很好，加上平時老闆對我的修車技術也非常認可，所以就同意了。」

同學：「好！果然有老闆的氣勢！」

王翰元雖然沒有在功課上優人一等，但是進入社會後，卻很會抓住機會，而且在機會面前絲毫不猶豫，最後才抓住了屬於自己的事業。在把握機會的過程中，王翰元只要覺得自己的要求合理，就會提出，比如他會跟老闆要求學成出師、替自己爭取加薪等。俗話說「人不為己，天誅地滅」，自私是人的本性，但自私並不意味著就是傷害別人，而是為自己爭取適當的機會和利益，所以這並沒有什麼不好的。

如果是在公司任職，一個敢為自己爭取的人也會得到更好的發展，不管是爭取工作的機會，還是爭取個人利益，都能使自己發展得更快；如果是自己創業，更會面臨多不勝數的競爭對手，此時，只有能為自己爭取的人，才有可能讓公司立於不敗之地。

丁曉琦離開學校後也要開始找工作了，大公司她進不去，無奈之下，去了一家花店。

這家花店的規模還不小，所以曉琦想：「雖然不是大公司，但是這家花店看起來也不錯，就先安心地在這裡上班吧。」

開始上班後，她開始學習各種花的名稱以及所代表的花語，她發現，她漸漸地愛上了這份工作，每天都能看到美麗的鮮花，多好呀。

曉琦到花店上班兩個月後，花店的老闆恰巧做了個決定，那時她打算送店裡的一名員工去國外進行培訓，學習一下插花技術。老闆的意思很明確，如果這名員工學成歸國，就讓這名員工當店長，而老闆自己則打算享清福了。

曉琦知道這個消息後，內心激動萬分，她知道自己現在缺的正是插花的本領，所以她很想得到這個難得的機會。

於是，曉琦主動去找老闆表明自己的想法，她告訴老闆：「我現在唯一不足的就是插花的技術，我很喜歡這份工作，我希望這次老闆能讓我去學習，學好之後我就可以獨立接待客人了。」

老闆對曉琦的工作熱誠和決心感到高興，而且她更喜歡曉琦的這份自信，於是決定讓曉琦去學習。

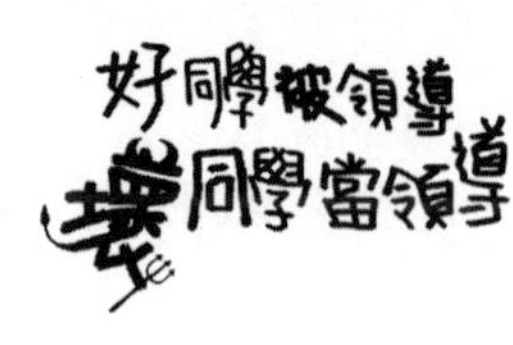

那時，除了丁曉琦，店裡還有兩名員工，他們來這裡工作的時間都比曉琦要長，所以兩人都一直覺得老闆一定會在他們兩人之中選一個。其中一名員工還對另一名員工說：「我覺得還是你去吧，你來的時間最長，店長肯定是送你出國的。」

這兩名員工相互等待的結果，就是最後老闆意外選了曉琦出國深造。這讓她們非常不平，甚至覺得：「她憑什麼去？而且居然搶了前輩的機會，實在太自私了。老闆也很過分，怎麼都不考慮一下我們的感受呢！」

學成之後的丁曉琦，已經能完全獨立應付所有的事情，加之被老闆賞識，很快就當上了店長。

丁曉琦沒有顧及另外兩位同事的感受，卻自作主張地推薦自己，從這一方面來說，丁曉琦似乎是自私的。但從丁曉琦個人來說，丁曉琦喜歡這份工作，也很想在工作上有新的進步，再加上當店長也更能鍛鍊自己、更能發揮所長，當然，薪水也會漲——有這麼多的好處，誰會不希望好事是發生在自己身上呢？所以，丁曉琦積極爭取的做法，並沒有什麼不妥。

另外，丁曉琦敢於爭取機會的做法，也是自信的表現；相較之下，老闆當然喜歡這種自信又能幹的員工，也更希望能把花店交給這樣一個人去管理，所以這也是老闆同意讓丁曉琦去學習的一個原因。

丁曉琦雖然沒有條件進入到大公司上班，但是卻有能力很快地在花店當上店長。誰又知道丁曉琦以後不會有更好的發展呢。

天使，把機會「留給那些更需要的人」

天使總是溫暖他人，尤其是那些需要幫助的人，這就是大家對天使的定義和印象。

「好」同學從小聽話乖巧，從媽媽說把玩具讓給朋友玩才是好孩子的時候開始，「好」同學就知道把東西讓給那些更需要的人才是好孩子，或者說，才是「好」同學。所以，好同學在大家面前永遠是「老好人」的形象。

你從來看不到好同學為了一件東西與對方爭得面紅耳赤，你也從來看不到好同學為了得到某一件東西而完全不顧他人的感受，雖然好同學也知道「人不為己，天誅地滅」，但是好同學好像很能委屈自己而成全別人，不然也不會是「好」同學了。

另外，「好」同學一般表現得很「矜持」，從不張表現自己的需要，也許在好同學看來，那樣太不含蓄了。由於從小的環境，讓好同學養成了這樣的特性，所以進入社會以後，即使是遇見自己也很需要、或很想要的機會，此時如果有人表現得更需要，「好」同學就會習慣性地讓給別人。

這樣做好嗎？也許有人會說，「好」同學的做法很寬容、很無私，當然好了，而且人人都應該向「好」同學學習。這樣說似乎也沒有錯，可是，如果「好」同學把學習的機會讓給了別人、把升職的機會讓給了別人、把自己需要的店面讓給了別人，那

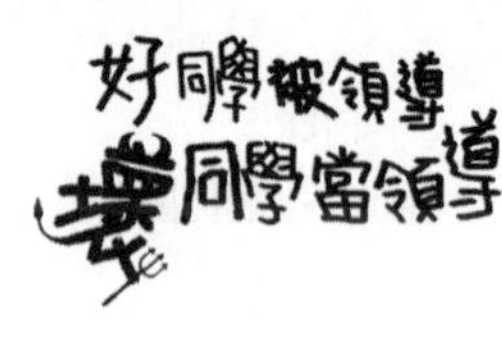

「好」同學會有什麼下場呢？當然就是委屈自己，而且非常不利於自己將來的發展。「好」同學的這一特質，讓好同學很難成為老闆，成為領導者，也不適合做老闆。

劉映菲學的是服裝設計，畢業之後開了一家服飾店。這天，她的朋友趙燕娟來她的店裡參觀，逛了一圈之後，對映菲說：「妳這裡裝修好，衣服搭配也很有品味，什麼都好，但就有一點不好，妳知道是什麼嗎？」

映菲回答說：「唉，別提了，我當然知道。就是『點』選的不好。」

燕娟：「妳既然知道，怎麼還把店開在這裡？」

映菲：「這也是沒辦法的事。」

燕娟：「有這麼無奈？地方是妳自己選的，難不成還有人逼妳。」

映菲：「當初，我曾看到另一個店面要轉讓，那個店的環境非常好，人潮多，逛的人也多；可是當時還有另一個人也看上了那個店面。」

燕娟：「然後呢？妳就讓給她了？」

映菲：「對方告訴我，那個地點離她家非常近，方便她接送小孩上下學，所以希望我能把店面讓給她。」

燕娟：「所以妳就把店面讓給她了？不是吧！」

映菲：「她都那樣說了，我還能怎麼辦呀……難不成我真的把店面搶過來嗎？那樣太勢利了。」

燕娟：「妳是天使嗎？你讓給她，然後自己把店開在這種地方；生意差是一定的，弄不好，還可能會倒閉呢！」

映菲：「妳別烏鴉嘴了，妳說的我都知道，所以就要能靠我的品味來打動顧客呀，希望以後老顧客多了，會多幫我介紹新的客人，不然我也不知道該怎麼辦了。」

燕娟：「妳現在才知道？太傻了妳。」

劉映菲的確是天使，方便了別人，委屈了自己。如果現在還在學校，把東西讓給別人，只是失去了一件自己喜歡的東西而已；可是入了社會，劉映菲失去的就是大量的客源，更是失去了大量的利潤。

很多進入職場的「好」同學也像劉映菲一樣，有些機會自己明明也需要，但是卻因為某些原因就讓給了別人。有必要分析一下「好」同學為什麼這麼做——原因有很多，其中一個原因，仍然是「好」同學認為自己的條件比較好，可選擇的機會多，所以既然這次別人需要，那就讓給別人好了；還有一個原因是，「好」同學不願與別人因為爭奪同一個機會而鬧得不愉快，既然對方已經表明他也很想要（或者是更需要）這個機會，為了不當「壞人」，「好」同學往往就乾脆讓給別人——總之，「好」同學是不會為了一個別人也需要的機會而極力爭取的。

周維雄畢業後，很順利地進入台北一家貿易公司工作，過了差不多一年的時間，維雄就搞定了好幾個大客戶，工作能力已經受到了眾人的肯定。

公司先前早已決定要在台中建立分公司，而在維雄沒有進公司之前，大家都以為藍雪音是分公司經理的不二人選。

雪音的男朋友就住在台中，如果她能調到分公司，不僅是升職，還能與男朋友團聚，所以她非常努力地工作希望能得到這個機會。但很不幸的，現在周維雄卻對她構成了威脅，這也是在此之前雪音沒有想到的。

維雄在公司多少聽聞了雪音的情況。但維雄自己的老家偏偏也在台中，當他知道公司打算在台中開設分公司之後，就很期待自己能得到這個機會，一來被任命為經理更能大展拳腳，二來當然就是離自己的家近。

維雄本來打算向老闆申請任職分公司的經理，但是在知道雪音的情況之後，他就放棄了這個想法；而雪音雖然知道維雄的能力與自己不相上下，但是她還是決定去老闆那裡拜託一下，多少也能增加一些自己獲選的機會。

就在老闆正在煩惱是該派誰去分公司的時候，雪音前來推薦了自己，而反觀維雄，他並沒有什麼動靜。所以，老闆最後決定讓藍雪音擔任分公司的經理。

雪音終於如願以償了，而維雄就只能待在老位子上等待下一個機會。

擔任分公司經理顯然是一個難得的升遷機會，也是個人職業生涯很重要的一個晉升。周維雄沒有爭取的理由很無私，如此無私，我們當然沒有理由去責怪他。但下次呢？如果還遇到類似的情況，他是否又要放棄一次機會？而人生又有多少次的機會可以放棄？

不得不說，有時候「好」同學的「不爭取」已經形成一種習慣，其中有出於人情的原因，也可能是因為高傲而不屑於為了一個職位爭來爭去。

「好」同學已經習慣了不爭取，只會等待別人主動給他，可是這樣的情形幾乎不可能發生；所以如果是在職場中，「好」同學真的很難被晉升；而如果是自己經營公司，這種態度也不利於公司的發展。

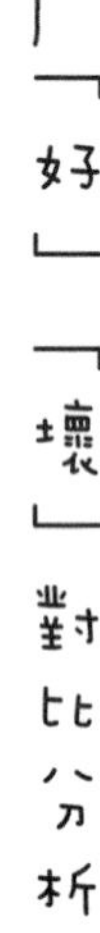

「好」「壞」對比分析

◆「好」同學學歷高、能力強，在他們看來，少了一個機會也沒有什麼影響；「壞」同學眼前沒有條條大路，於是就會死死抓住難得的機會。

◆「好」同學認為與別人互相爭奪一個機會實在缺乏氣度，所以能不爭就不爭；「壞」同學認為有機會正擺在面前，我為什麼不爭取呢？

◆「好」同學即使很想要一個機會，但多半會因為矜持或者是自尊心而不敢大肆宣揚自己的需求與渴望；「壞」同學從不掩飾自己對某樣東西的喜歡，也不會掩飾對某一個機會的勢在必得，「有什麼說什麼」是他們的作風。不管是做小職員還是領導一個公司，機會都很重要，把握住機會就是保證了明天。善於爭取的「壞」同學往往能得到自己所想要的，這何嘗不是一種能力。

Part4 擁有正能量

魔鬼讓人畏懼

魔鬼以兇狠著稱，所以人見人怕，那「壞」同學呢？「壞」同學當然不是好欺負的，軟弱從來就不屬於他們，最好是讓他們發號施令，所有的人都聽他們的，他們心裡才覺得舒服。

想必每一個「壞」同學在成長期都經歷過叛逆的時候，父母要自己向西，那我就向東；因為不想聽從他人的安排所以要唱反調，而且根本也沒想過唱反調會有什麼後果——這才是大家眼中的「壞」同學。對壞同學來說，服從讓他們很難受，而讓他人服從自己才能令他們滿足；在服從的過程中，他們不喜歡別人不按自己的意志進行，如果這樣，不就意味著別人不把他放在眼裡嗎？這是「壞」同學不能容忍的！所以，壞同學發出的號令是一定要嚴格執行的，這樣才能充分展現出他的領導力和成就感。

而身為一個領導者就跟「壞」同學一樣，他最重要的工作之一就是給下屬下達指示。每個人都知道，如果領導者不嚴格，沒有威嚴，員工在執行的過程中就會懶散，因為人都是有惰性的；而如果領導者非常有威嚴、有魄力，下屬不僅不敢怠慢，甚至還不敢討價還價，員工出於害怕便只敢嚴謹地去達成工作目標。

本田宗一郎是本田摩托車和汽車的創始人。他雖然只有小學學歷，但是卻創造了很多的奇跡，直到現在，本田汽車仍然在世界的各個角落馳騁，很少有人不知道本田這個響噹噹的品牌。

本田宗一郎在小的時候是一個很調皮的孩子，幾乎全村的人都知道這個搗蛋鬼，長大後，當他擁有了自己的公司後，本田宗一郎卻在管理員工工作的規定上特別認真——如果誰怠慢了工作、在工作上不認真，本田宗一郎絲毫不留情面，不管是誰，一樣嚴厲斥責——正因為這樣的作風，也讓本田宗一郎在本田公司非常有威嚴，本田員工對工作的執行力也格外謹慎嚴格。

一次，本田宗一郎同意去參加一個經營研習會，參與的人可以通過研習會學習本田宗一郎的經驗。由於這次研習會是在溫泉旅館進行，所以參加的人到達旅館後，都先泡了一下溫泉，然後才邊吃邊喝，等待著本田先生的到來。

當本田穿著皺巴巴的工作服趕到會場的時候，他發現這些與會人員竟然在這裡吃喝玩樂，於是開口便罵：「請問大家來這裡是做什麼的？我想應該是來學習經營的吧？如果你們這麼有空的話，還不如早點回公司上班，經營哪裡是泡泡溫泉、吃吃喝喝就可以學會的？」

這些人都慚愧的低下了頭。

本田宗一郎繼續說：「你們以為在榻榻米上就能學會游泳嗎？妄想！即使在榻榻米上學會了游泳，到了水裡還是一樣不會游，還不如直接跳到水裡，手腳亂划會更有用！」

本田宗一郎把這些人罵得啞口無言。

從這個事例中，就能看到一個有威嚴的領導者在該發威的時候是一定要發威的，何況本田宗一郎說的一點也沒有錯！而領導者的威嚴正是在這樣的過程中形成的，也只有這樣，本田宗一郎在下達其他工作命令時，員工才能以最認真的態度來面對。

威嚴之所以非常重要，正是因為人天生的「惰性」。就像很多人在求學的時候都有過這樣的經驗，如果一個老師不嚴格，那同學們往往不會對老師出的作業太認真，因為他們的理由是：「唉唷，隨便啦，反正老師又不會生氣。」但如果老師非常嚴格，那就完全不同了！這就是所謂的「嚴師出高徒」。

黃平源畢業於三流大學，畢業後在父親的贊助下開了一家網路科技公司，經營一個網站。一開始父親以為平源只是在鬧著玩，可是沒想到，平源把這個公司經營得有聲有色，令人刮目相看。

這天，全體公司開會對上個月的工作做總結，平源說：「這個月公司的整體表現不差，只是有一些不必要的支出還是必須提醒大家一下：有一些部門的員工利用公司電話打私人電話，已經讓這個月的電話費漲到七千元以上，雖然七千元不是什麼大數字，但是以一家公司來說，任何不必要的支出都是在增加公司的營運成本，直接關係到公司的營收。如果再發現有人有這種情況，不再警告，下次的電話費直接從他的薪水裡扣。」

從這之後，公司的電話費終於降到了五千元以下。

一次，公司要執行新的案子，平源對員工說：「這個新案子一定要在月底前做好，千萬不能影響下個月公司的業務」。

聽到這些，有些員工開始抱怨了：「黃總，時間這麼短，這樣不是要把我們逼死嗎？」

黃平源冷著臉說：「我不想再重複第二遍。」

員工們看這模樣，也不敢再多說什麼。為了完成這個案子，很多員工都只好在公司過夜以求盡力完成工作。

終於，案子在月底前完成了，平源非常清楚大家的付出，於是在一切都完成後，請員工吃了一頓大餐，並對員工們說：「這個月你們都辛苦了，每個人都會有獎金，今天大家就好好地放鬆一下吧！」

從這個案例中，我們可以很清楚的看到黃平源為什麼能把企業做得有聲有色，因為說一不二的風格，才會讓員工嚴格執行；因為說到做到的風格，才能讓員工不敢犯錯。

如果領導者總是沒有原則性地亂發脾氣，那員工肯定也不會留在這樣的公司，顯然，黃平源不是這樣的領導者。領導者的威嚴並不是沒有道理地讓員工懼怕他，而是領導者為了克服員工懶惰和不主動的天性而必須樹立的形象，也是建立在正確原則之上的嚴格命令。

天使讓人隨性

「好」同學有著天使般的心靈，他們在學校的時候關愛他人，肯拿出自己的東西與他人分享，同時又熱愛服務、肯付出。最具代表性的角色就是班長，班長有著團結班級全體的責任，讓大家愛護公物，相互謙讓，懂得助人為樂。

「好」同學性格溫和，他們因為為人「表率」，所以很少和別人吵架，更不用說和別人打架了。好同學的身分讓他們不僅功課要好，還要在與同學相處中忍讓、大度、脾氣好。

在職場中，做了領導者的「好」同學，往往會陷入無奈。因為在學校裡沒有利益之爭，同學們都是在為自己的課業打拚，學習的好壞全是自己的；但在公司，職員必須同心協力，為公司的利益著想，而公司的利益和員工的利益往往會有衝突的時候。「好」同學不改以往溫和的語氣，他的隨和、打商量的口氣，通常無法給予員工適度的壓力，這只會讓下屬散漫、怠惰，無視公司的規章制度。

「好」同學像天使一樣，但這也正是他們的弱點，畢竟，天使並不是生活在人世間的。

張邵華子承父業，畢業後做起了行銷經理。他學的是市場行銷，讀書的時候是班上的風雲人物，對於銷售，他想一試身手，畢竟自己已經學了那麼多的專業知識。

由於他讀書時是班上的班長，帶著班上的四十多個人，如今公司裡只有二十來人，他很有自信能做好這個經理的位置。

他人很隨和，不過一個星期的時間，就已經和公司的員工們打成一片，大家都認為這個新經理很特別，也都非常樂意與他共事。

有一次，公司裡的行政助理小徐跑來找他，說是有人找，請他接一下電話。邵華問：「是哪位客戶，有說是什麼事嗎？」

小徐氣喘吁吁地笑著說：「不好意思，我忘了問，對方打電話說要找你，我就立刻跑過來了。」

邵華說：「這不是第一次了啊，我現在的工作很多，什麼事你幫我問一下，我做事也才能有個輕重緩急之分。」

小徐知道這是自己考慮得不周詳，打擾到了經理；但見經理以如此委婉、打著商量的語氣說話，也就沒有特別放在心上。

邵華作為經理，每週六都會召開一個工作檢討會。照先前的經驗，他會在會議上對業績最好的前三名給予表揚，對於業績最差的後三名給予鼓勵，所以，久了大家心中都已經有了底，並不感到心驚膽戰，還覺得很輕鬆。

幾次之後，邵華就發現自己的表揚或鼓勵，好像全都沒有發揮作用，公司的整體業績不但沒有提升，甚至還有個同事小周連續三個月的業績都是吊車尾。邵華覺得有必要給他一點提醒，於是在會議上對小周說：「近期業績你的排名都不太好，要不要說說看是怎麼回事？大家可以一起想辦法解決。」

小周搔了搔頭說：「可能是我的自我要求不夠吧。」

邵華繼續說：「你這樣怎麼行！我們是一個團隊，大家可以相互學習嘛！會後你去請教一下業績前三名同事，請他們給你一點意見。」

小周說：「好吧，我會再加油的。」

一個月後，邵華發現自己每天忙得焦頭爛額，但助理小徐還是不能隨機應變的為他過濾事情，小周的業績也還是著魔似的一直低迷不振，公司其他員工的業績也都一直沒有提昇。大家都越來越缺乏工作的激情了。

邵華現在頭疼不已，他不知道公司到底是出了什麼問題？

張邵華之所以會落入一團糟的處境，主要是因為他的獎懲制度不明，他對員工態度的隨和，不但沒有給員工動力，還讓員工變得越來越有恃無恐；對於犯錯誤的員工，他沒有給予嚴厲的批評，這讓員工放鬆了警惕，會把犯錯誤當成是平常事。

「好」同學態度隨和，為人遷就，讓他們失去了自己的鋒芒。在職場中，有了威嚴才有壓力，職員有了壓力，才會不斷地提高自我的能力。

做了領導者的「好」同學過於仁慈，過於寬容，以至於讓自己的工作變得失去控制。「好」同學應該銘記：「對別人仁慈，就是對自己的一種殘忍。」

在這個競爭激烈的社會，每個人都在為自己的前途奔波，這是一個「勝者為王，敗者為寇」的時代，好同學表現得隨和已經演變成一種軟弱，變得軟弱就難以施展自己的領導力、控制力，又怎麼能讓員工以最高的效率做事呢？

「好」同學的好脾氣，對員工來說只是成為縱容惰性的擋箭牌，聽聽下面這兩個員工的對話，你就會對好同學的天使性格所造成的「惡果」有更深一層的理解了。

張筱軒和林曉彤是公司裡的兩個小職員，今天小軒神色匆忙地跑進辦公室，滿臉焦急，見到在飲水機旁慢吞吞裝水的小彤，小軒急忙問：「妳的報表做完了？我昨天收集資料花了太多的時間，到現在都還沒有弄好。」

小彤說：「別著急，經理人很好的，他才不會罵妳，而且也不會立刻就找妳要。等他來問妳了，妳如果還沒趕出來，就直說昨天已經忙了一整天卻還沒有整理完，不就得了。」

小軒瞪大眼睛，不敢相信地看著若無其事的小彤，說：「不是妳的事，妳當然不著急，講得這麼好聽，我看妳的報表已經做完了吧？」

小彤：「沒有啊，這又不是什麼大不了的事，不過就是一個小小的報表，妳不用著急啦。看妳，別擺一張苦瓜臉了。」

小軒：「這樣拖延到上頭的工作，妳不怕被開除啊？我好不容易才找到這份工作，可不想剛就業就失業了。」

小彤：「不會的，你看經理講話那麼客氣，哪次交代的工作不是往後拖個一兩天？你是新來的，久了就會習慣啦。」

小軒聽小彤這麼一說，心情稍微平復了下來，她也開始學會在這間公司的打混訣竅了。

故事中員工的自由、鬆散，說明了「好」同學領導者的辦事不力。好同學往往在做事中失去了自己的威嚴，會讓員工有所懈怠，以至於會拖延整體工作的進度，而這樣，整個公司或者企業又如何能長期營運下去呢？

「好」同學的和顏悅色、做事隨性，讓他們丟掉了作為一個領導者應有的風範，在他們的身後，沒有幹練的配合者，有的只是不聽話的「懶惰蟲」。

無規矩不成方圓，想做大事，成為領袖人物，「好」同學就要注重自己的威嚴和控制力，並要著重鍛鍊自己這方面的能力。

「好」「壞」對比分析

◆「好」同學平易近人、為人隨和，如果「好」同學成為領導者，員工通常都不會感受到壓力，自然也就不會謹慎執行上頭交代的工作；「壞」同學不僅喜歡發號命令，也會要求他人必須嚴格執行，也就對員工形成了威懾力，員工自然能有效地執行。

◆「好」同學說話方式比較客氣，這很難樹立領導者的威嚴形象；「壞」同學說話直接，遇到錯誤就嚴格批評，領導威嚴也在這個過程中自然地形成。威嚴是一個領導者的行為作風特徵，只有有威嚴的領導者才能讓員工提高工作效率，提高工作品質，才能讓公司形成良性循環的發展，所以「壞」同學能當好領導者。

Part5

「衝動是魔鬼」的不同詮釋

魔鬼：衝動是魔鬼——我是魔鬼，所以我衝動

「壞」同學永遠都是「不安分」的傢伙，對於不公平的待遇，他們會據理力爭。小的時候，在學校裡，他們愛和別人吵架，吵出一個是非黑白；他們也愛和別人打架，在實力上和他人一決高下。

步入社會，走入職場，他們依舊不安分，如果他們對上司的安排或者做法不滿，他們就會怒氣衝衝地直接去和上司理論。他們有著魔鬼一樣的霸氣，他們不會讓自己受到委屈。

人們常說，「衝動是魔鬼」，可是如果不讓自己「衝動」一下，又如何知道自己到底有多大的能耐？自己如何才能突破自我，達成更遠大的目標？

毛毛蟲必須有突破蛹的衝動，最後才能變成蝴蝶；人有了衝動，才會為自己鬆綁，推開自己的束縛和羈絆，讓自己有一個更好的發展。「壞」同學的衝動就像是一種魔力，有了這種魔力，他們最終會化腐朽為神奇。

楊琇珍原本讀的是一般的三流大學，因為始終提不起興趣讀書，她中途輟學，學起了美妝。

對於美妝業，她覺得前途不可限量，人說「士為知己者死，女為悅己者容」，在現在這個到處充滿著競爭的社會，如何打扮好自己，讓自己看起來更年輕、更充滿活力，已經成為每個人都關注的焦點。

琇珍開始學習美妝後，由於有興趣，所以學得很快，在幾位美容師的帶領下，她掌握了很多美容的方法，自己的技巧也越來越熟練。

在美容會館待了一年後，她感覺自己的技術水準已經可以出師了，可是老闆仍舊只發給她學徒的薪資。她很心急，自己在這上面投入了很多的心血，又學習了這麼長的時間，她決定向老闆提出調薪的要求。

但老闆說，琇珍是一個新人，還有很多不懂的地方，要多積累經驗，所以叫她先安心工作，之後總有一天調薪的。

但琇珍不想再耗下去，她感覺在這種老闆手下做事是沒有什麼前途的。於是第二天，她就向老闆遞交了辭呈。老闆還要她再考慮一下，同事們也都勸她不要那麼衝動，但她去意已決。

半個月後，她成功地找到一份美容指導顧問的工作，她的一時「衝動」讓她放棄了之前的一萬九千元的學徒薪水，而是找到了一份底薪四萬五千元的新工作。

楊琇珍的選擇源於一時的衝動，她只是不想再耗下去了，面對老闆的血汗壓榨，她不想在那裡苦等老闆「大發慈悲」的那一天，她要快速拿到高薪。

「壞」同學不喜歡漫長地等待，在他們的眼中，等待無疑是一種煎熬，當他們對局勢作出自己的分析、判斷後，他們就會朝著更有利的方向邁步。他們雖然課業成績不好，但對於自己喜歡、感興趣的事，他們的學習能力較強，上手也很快。以楊琇珍為例，自己待了一年的美容會館，她可以毅然放棄，而最後她也找到了薪資翻倍的工作，這不得不歸功於當時的「衝動」。

「壞」同學有時候不會「深思熟慮」，也不會「高瞻遠矚」，對於自己眼下看不到希望的事，他們會選擇放棄；在他們的邏輯裡沒有「明天」，只有「今天」，他們是活在當下的一群人，他們更注重此時此刻自己的舒適度和滿意度。

他們有著「初生之犢不畏虎」的衝動。

「壞」同學不是「猝然臨之而不驚，無故加之而不怒」的智者，他們秉性率真，說話做事都是隨著自己的心意，他們往往不怎麼考慮做了之後的後果。這樣的衝動其實有一種催化作用，「壞」同學的衝動讓他們「一飛沖天」，從而找到了自己的人生座標，為自己贏得不平凡的事業。

天使：衝動是魔鬼——衝動不可取，千萬要理智

「好」同學是與世無爭的天使，在「好」同學的眼中，一切都是美好的、欣欣向榮的，他們知書達禮，務求讓自己成為一個有涵養、有品性、有水準的人。

遇到不公平的事，受到屈辱之時，他們鮮少動怒，他們總暗示自己要保持智者的灑脫與豁達；他們有著天使般的包容心，在他們的骨子裡，有一種理念叫「小不忍則亂大謀」。

「好」同學善於控制自己的情緒，他們很不認同「壞」同學的衝動或者意氣用事。所以，聰明的「好」同學告誡自己，遇事冷靜，萬萬衝動不得。

「好」同學把衝動貶得太低，但如果他們的工作中沒有衝勁，不敢做出改變，又怎麼獲得長遠的發展呢？

張齊凱是一個剛走出大學的應屆畢業生，他左手握著台大的畢業證書，右手拿著一大堆證照，他希望自己那些專業的廣告知識能幫助自己在廣告業一鳴驚人。

對於未來，他有很多的想像，他很快就在一家廣告公司找到文案企劃的工作，隸屬於創意部門。

因為這是他的第一份工作，他特別地用心，對每天的工作內容都充滿了期待。

公司裡人來人往，很快大家都彼此認識了。在他辦公桌隔壁的，是已經工作兩年的吳海恩，他們兩人是同一年次的。海恩學歷不高，但為人爽快，不久他倆就成為了好朋友。

幾個星期下來，齊凱發現公司裡接的廣告業務都是關於蟑螂藥、老鼠藥之類的案子，這讓他很苦惱。本想著在廣告業大展宏圖，沒想到卻是這樣的結果，他有點無所適從。

一次，海恩對他說：「嘿，我們走人吧，別繼續待在這裡了，寫那些文案搞得我都想吐了。」齊凱說：「但我們不能一遇到困難就想逃避，也許這只是剛開始，之後或許會不一樣啊。」聽他這麼說，海恩心裡並不認同。

經過這次後，齊凱開始想，到底是哪裡出了錯呢？然後，他把責任歸結於自己沒有全面地看待問題，沒有換位思考。在和經理交流後，他才明白，這些廣告是公司定位的關係，由於市場分眾，公司必須先從類似的案子開始接手處理，等公司成長到一定規模後就會開始引進新的業務。了解到這一點後，他在工作中表現得更積極了，主動與廣告主交流，盡力滿足廣告主的需求。

而吳海恩呢？他最終選擇了辭職，離開了公司。

海恩離開前，給齊凱打過電話，說自己打算要去別的公司發展，因為他想做的廣告不是現在的這些案子。齊凱為好朋友的離開感到惋惜，他責備朋友一時衝動，不該說走就走。

但六個月後，齊凱自己卻完全失去了工作的激情，他在公司裡還是要寫很多的除蟲藥文案，但他不知道公司何時才會成長到足以引進新的業務。這次，他找不到更好的辦法來說服自己更努力地做下去。

後來，海恩寄了封電子郵件給他，上頭寫道，他現在人在做房地產廣告，薪資已經是原本的十倍，問齊凱要不要幫他找個缺，大家一起打拚。齊凱收到郵件後，回覆道：「我再考慮考慮吧，不能一時衝動說去就去，再說，我已經在這公司習慣了，要離開重新適應不是這麼容易的。」

張齊凱放過了一次可以離開的機會，他一直在自我暗示要留下來；在工作中出現不如意的情況時，他總會先分析自己的問題，讓自己沉靜下來，以至於當他無法實現自己的願望、安撫不了自己內心的時候，他才發現自己因為等待太久，已經被「套牢」了。

「好」同學就是這樣優柔寡斷，他們處變不驚，以自己的不變應萬變，但事情並不會總是按著預想的軌道發展，他們的一成不變以及不肯果斷，使得他們喪失了很多的機遇。案例中的張齊凱即使在收到好友的電子郵件時，也不願衝動一下去展開行動。

實在不能一直再這樣「冷」下去了！「好」同學們不妨熱血一次看看，跳出限制自我的安全感，衝動有時候並不是錯，錯的是「好」同學把當機立斷的選擇當做是一時的衝動，他們始終無法超脫自我。

「好」「壞」對比分析

◆「壞」同學的衝動有時候是一種勇氣和膽略；「好」同學的冷靜有時候也暴露了自己懦弱、優柔寡斷的一面。

◆「壞」同學總是隨機應變，他們活在當下，即使做事冒失、衝動，卻會在該熱血時努力爭取自己的利益；「好」同學習慣一成不變，他們寄希望於未來，忍受當下的不公和勞累。

◆「壞」同學的衝動有時逼自己敲開了成功的大門；「好」同學的沉靜有時在無意識間，讓自己只能一直守在成功的門外。

◆「壞」同學比「好」同學更活躍，他們不甘屈居人下，他們更容易成為某一領域的領袖人物；「好」同學處事謹慎，考慮太多，邁不出步伐，他們只能當某一領域的小角色。

CHAPTER

見遠：壞同學是「將才」好同學是「幹才」

想成為一個領導者，是不是具備領導者的「廣度」就成為一個重要的元素。相較於「好」同學著重理論與專業技術，「壞」同學更為重視管理方法；相較於「好」同學從學校中練就的服從力與執行力，「壞」同學的領導力更能勝任團隊領導者的角色。所以，「好」同學在工作中往往表現得好，絕對是個「幹才」，他們也是領導者所需要的人才；但「壞」同學的多重特性，則是成為領導者不可多得的「將才」。

Part1

管理者V.S.技術控

「壞」同學專注於管理

管理是一門大學問，也是一項非常技術性的工作，所以它往往需要那些有主見、有謀略的人來承擔與負責。「壞」同學往往具有這種能力和膽識，所以如今眾多的成功企業家和領袖人物才多是由「壞」同學擔綱演出，他們儘管沒有高學歷，但是他們依舊成功了。

為什麼「壞」同學能夠成為管理人才，是什麼原因？

我們可以綜合以下幾點進行分析：

首先，「壞」同學一般隨機應變能力比較強，所以在面對一些重大決策和問題時，總能巧妙地將事情妥善地解決。

其次，「壞」同學往往很夠義氣，很會處理與他人的關係，也就是說，他們有比較好的交際手腕，這一點符合了作為管理者應該具備的說服力和溝通能力。

再次，「壞」同學往往比較早接觸社會，社會經驗和閱歷相對豐富，更加懂得如何恰當、有分寸地去處理和化解管理中的矛盾。

最後，「壞」同學通常思維比較活躍，想像力豐富，不按牌理出牌的方式有時候容易出奇制勝，這就讓他們有了更大的晉升和發展空間，儲備更多作為管理者的潛質。

從以上幾點可以看出，「壞」同學自身的人格特質更加具有當管理者和領導者的資質。

松下電器的創始人松下幸之助就是一個名副其實的「壞」同學。在他小學四年級的時候，迫於家庭貧困的壓力，不得不中途退學。

讓世界為之震撼的是：原本毫不起眼，完全沒有學歷的松下幸之助，卻以驚人的姿態和才能成功地創造了日本乃至世界電器企業的神話，向世界詮釋了一套價值連城的創業聖經和管理哲學——松下幸之助成為日本經營四聖之一，被賦予「經營之神」的美譽。

松下幸之助的成功，不僅來自於他在艱苦創業時期的堅持之心和刻苦努力，還有一個重要的原因，就是在松下電器漸漸步入正軌後，他將自己所經歷過的經營發現創立出一套經營管理哲學。這成為人們學習和效仿的管理百科全書，成為企業管理者學習的聖經。

松下電器的成功與松下幸之助作為管理者的身分密不可分，那麼，為什麼松下幸之助會成為如此卓越的管理者呢？

第一，松下幸之助有一段艱辛和刻苦的學徒經歷，這段經歷成為他人生中重要的一筆財富。他在這段艱難的學徒生涯中，體驗到生活的艱辛和夢想的珍貴，所以早在剛剛創立松下電器的時候，儘管遇到眾多的困難和挫折，他都靠著自己堅忍不拔的決心和毅力以及對夢想的執著，堅持了下來。這是作為領導者和管理者必不可少的一個特質。

第二，在創業過程中，松下幸之助總是能夠深入到企業內部、走到員工的工作和生活中去，以恰當、友好的態度處理好自己與員工、企業與員工之間的關係。

第三，在松下電器遇到市場的強大衝擊和競爭時，松下幸之助能夠縱觀全局，隨機應變，把握企業的方向，才使得企業在經濟亂流中屹立不搖，始終走在電器行業的最前線。

這就是松下幸之助的管理才能。雖然他沒有高學歷，但是比起那些「好」同學，他有豐富的社會閱歷和經歷，總能在矛盾和困難之前隨機應變，使企業在自己的管理下有條不紊、井然有序地發展壯大。

從松下幸之助的人生經歷中我們可以知道，他小學還沒有畢業，學歷相當低，但正是這種遭遇才讓他更早地體驗了其他同齡的「好」同學們所沒有經歷過的苦難；另外，在松下電器發展的過程中，他懂得如何去建立企業與員工之間的友好關係，這都對他的經營和管理帶來了很大的動能，也為他最終成為世界著名的企業領袖奠定了堅固的基石。

在如今的職場中，許多的老闆或企業家前身都有「壞」同學的標籤，但這只代表他們的學歷和過去，並不代表他們的能力和實力。

從「壞」同學的身上，我們可以看到他們往往具有管理者的才能，不論是他們自身的責任心和溝通能力，還是他們所具備的隨機應變和雄才謀略，都成功地塑造了他們的管理者氣質和膽識。

所以，在管理領域和領導階層，大多都能看到「壞」同學的身影，儘管他們沒有高學歷，但是他們對人情世故非常通達，也對為人處世有一套自己的哲學，總能創造出屬於自己的一番事業。

「好」同學偏愛於技術

與「壞」同學懂管理比較起來，「好」同學往往更加懂技術。這與「好」同學自身的特質和能力是分不開的。

首先，「好」同學在學校時，課業成績一般比較好，並且多半擁有一定的專業知識。進入職場後，他們往往會在某一領域將技術磨練得特別精湛和熟練，成為一個特別優秀的技術人員。

其次，一般做技術工作的人，思考邏輯都較為獨立和縝密；而「好」同學受過正規的教育和訓練，在這一方面更會表現得嫻熟和突出。

最後，「好」同學自身的性格和素質決定了他們所從事的工作類型。在「好」同學的普遍意識中，他們大都認為人生的基本方向，就是要經過學習、掌握技術，然後靠這門技術在社會上立足。

從以上三點分析，可以知道，「好」同學往往在技術層面能得到一定的成就，但是這一特質也限制了「好」同學向管理層面的發展，他們大多更容易從事技術工作而不是管理和領導一類的工作。

杜易白大學畢業後，沒有直接投身到小職員們的求職行列中，而是選擇走上創業這一條道路。他認為，自己有著超強的專業能力，怎麼能夠只在別人手下當一個小雜兵呢？他的父母也覺得，易白在校成績好、專業能力強，走創業這條路肯定能闖出一片天的。

易白在大學裡學的是室內裝潢設計，也就是專攻室內裝飾和裝修方面的工作。說起他的專業能力，那可真能說是一個光榮史，在大學的各種設計大賽中，易白就曾得過許多大獎，這與他與生俱來的設計天分和後天勤奮是分不開的。所以，當他決定創業後，腦海中閃現的就是開一家裝潢設計公司。

就這樣，易白在父母的資金挹注下，開始了室內裝飾設計公司的創辦。憑藉他的設計天分和潛質，他很快就設計出了許多獨具創意和新穎獨特的成果。

但杜易白有個缺點，就是無論做什麼事都喜歡事必躬親，所以公司裡大大小小的事情他都愛插一腳；不論是一個大型案子還是公司裡一件無關痛養的小事，他都要一一過問。最後，他不但把自己搞得累癱了，還造成員工對他心生厭惡。

特別是有一次，公司裡接了一個比較大的案子，主要是負責一整棟豪宅的室內裝修，由於易白從未接手過這麼大案子，所以在具體的方案實施和管理過程中，變得比平時更加慎重和謹慎，手下的員工工作起來沒有一點的自主性，而這導致裝修工程和人員協調等都出了問題。

最終，這個案子的施工大大地延宕，公司更因此遭受重大的損失。

後來，由於管理不當，公司內部的問題也開始接二連三地出現，最終易白的創業夢逐漸凋零破碎。

懂技術不一定就能夠成為一個能創業的人生勝利組，成為一個優秀的領導者和管理者。「好」同學杜易白的經歷就是一個很好的例證。

杜易白可以說是一個真真正正的「好」同學，他在校的優異成績和設計能力就足以說明，但是他想依靠著自己的設計才能去實現創業夢，這種想法也未免過於單純。一個公司、一個企業，它的發展不可僅靠技術的支撐，還需要一種能夠統領大局的管理才能和智慧，而杜易白缺乏的正是這種領導才能！所以他的創業之夢最後才會面臨破滅。

因此，「好」同學若想單純依靠技術，就奢望實現管理者和領導者的夢想，最後多半只會落得一場空。有技術是很重要，但在這個技術的基礎上，還需要一種經營智慧和管理哲學，甚至包括一些靈活和高明的交際能力。

趙雅鈞從小到大在大家眼中都是一個好孩子的形象，不論是在學校還是在平時的生活中，都深得大家的喜愛。

大學畢業後，雅鈞進入一家電腦公司上班，由於在校時學的是電腦，所以在進入這家公司後，從事的主要是電腦程式設計和技術維修這方面的工作。然而在進入這家公司將近三年後，他還只是一個技術人員，並沒有得到任何晉升和提拔的機會，這一點讓一向自豪的雅鈞感到很苦惱。

眼看著那些學歷比自己低、專業比自己差的同事紛紛得到晉升，爬上了管理階層，而自己卻還是只能當個普通職員，心裡就感到煩躁。於是他找自己最要好的同事老李訴苦。老李是個和他同期的老員工，現在也爬到行銷主管的位置了。

雅鈞：「為什麼那些比我晚來的，學歷沒我高，技術也沒我好，卻一個個都升官加薪了，而我至今還是一個技術人員？」

老李：「技術雖然很重要，但是作為一個領導者，光靠技術是不夠的，還要有管理者的風範和智慧。換句話說，就是還要有領導者的魄力和果敢，沒有任何管理膽識的人，註定只能被領導。」

雅鈞很不悅地說：「那你是覺得我有沒有領導者的風範了？」

老李笑笑，搖搖頭說道：「我說了，就怕你不愛聽。以我們認識的這三年來看，你的技術確實沒人比得上你，但是在為人處世和積極爭取機會的心態上，你卻始終沒什麼長進。其實，只要你多表現出那些作為領導者所應當具備的人格特質，我相信你很快就有機會了。」

雅鈞聽了老李的話後，低下了頭，決心要全面地改造自己。

皇天不負苦心人，在之後的工作中，雅鈞刻意表現出積極、果敢等領導者特質，最終，在幾年後的一輪人事異動中，他終於升上了技術部門主管。

「好」同學趙雅鈞最終能夠擺脫普通技術人員的命運，走向管理階層，是因為他終於意識到自己缺乏管理者所應該具備的特質和能力的培養。

趙雅鈞的經歷，其實深刻地反映了當前一部分「好」同學的現狀，他們接受過高等教育，擁有精湛的技術，但是最終卻無法走向領導者的職位，永遠只能當一個普普通通的小職員。究其背後隱藏的原因，往往就是他們單有技術，卻沒有作為領導者應該具備的性格特質。換句話說就是：「好」同學只懂得做事，卻不懂得做人。

就拿電腦程式設計和維修技術來說好了，如果一個人只懂得與電腦打交道、只知道怎樣設計出一款超強的軟體、只知道怎樣解決電腦裡的各種疑難雜症，卻偏偏缺少了與人溝通的智慧和能力、缺乏做事的魄力和膽識，在這種情況下，當然與管理職位無緣了。

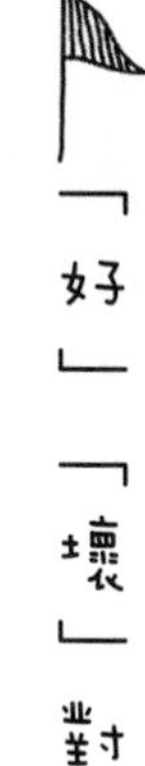

◆「壞」同學懂管理，懂得怎樣解決管理中的矛盾和問題，再憑藉著自己的膽識和魄力，便能在職場中取得良好的人緣與人脈，成功領導下屬，管理好公司或企業。

◆「好」同學懂技術，在技術上具有非凡的才能和知識，但是不懂得為人處世的技巧和手段，所以在管理和經營方面缺乏實用性的智慧和才能，最終往往使自己的領導夢碎。

◆從兩者的對比上來看，「壞」同學自身的社會經歷以及他自身的特質，使得他更具有管理才幹和領導智慧；而「好」同學則是精通技術，卻缺乏這種管理能力和人格特質。對於一個公司和企業來說，需要的往往是一個具有管理才幹和謀略的領導者，偏偏「好」同學缺乏的正是這些特質，所以他們只適合做一個被管理者和被支配者。

Part2

當「領導力」遇上「執行力」

「壞」同學偏好「領導力」

作為一個企業家或者是領導人物往往需要具備很強的領導能力，這種卓越的領導能力往往與一個人的性格、經歷和膽識息息相關。在「壞」同學中，往往會湧現出很多具有領導能力的人才，究其原因，主要是因為以下幾點：

首先，「壞」同學大多具有很大的野心和膽識，他們深謀遠慮的果斷和幹練令人折服，使人們都願意追隨他、信任他，所以「壞」同學會憑藉自己的威望和信譽，為自己的發展壯大注入新的活力。

其次，「壞」同學有義氣、人緣好。他們大多性格豪爽，為朋友可以兩肋插刀，人脈資源因此比較充沛，所以，不論遇到什麼樣的情況，總能調動周遭的一切力量為自己爭取絕對的優勢和機會。

最後，「壞」同學為人處世的能力和手段比較高明。他們懂得如何與人相處、與人溝通，更懂得怎樣去化解矛盾，怎樣借他人之力為自己牟利，特別是在用人方面，更懂得知人善任。

從以上三點可以看出，「壞」同學在領導能力方面往往具有這些能力和優勢，這樣我們就不難看出為什麼在這些偉大的、成功的領導人物中，會出現這麼多「壞」同學的影子。不論是古代，還是現代，都會有許多「壞」同學通過發揮自己卓越的領導才能最終走向成功，在歷史上留下令人難忘的身影。

西漢開國皇帝劉邦是歷史上第一位平民皇帝，他開創了歷史的新篇章，成為歷史上一個具有重大影響力的人物。

但追溯劉邦的生平卻讓人匪夷所思。劉邦小時候不愛讀書、不喜務農，長大後的劉邦遊手好閒，在周圍鄰居們的眼中完全是一個無賴，甚至可以說是流氓。

但就是如此令人生厭的劉邦，卻在反秦的歷史亂流中揭竿而起，帶領手下取得了重大成就，並在與西楚霸王項羽的博弈中，成功勝出，成為西漢的開國皇帝。

究竟是什麼原因造就了他的成功呢？綜合分析，「壞」同學劉邦能夠成為歷史上叱吒風雲、赫赫有名的人物，與其過人的領導才能是分不開的。

第一，劉邦自身寬容、豪爽的性格，使他能夠擁有很多的追隨者和擁護者；當劉邦揭竿而起投入到反秦的歷史洪流時，那些手下願意接受他的領導和統帥，正是因為生活中的劉邦講義氣，對待他人寬宏大量，才能令下屬死命跟隨。

第二，劉邦具有領導者的膽識、魄力和機智、果斷。儘管劉邦受教育程度不高，但是他卻具有很高明的EQ和智慧，總是能夠在關鍵時刻果斷做出決策，用自己的魄力和膽識去掌握整個戰局和趨勢，這恰恰是項羽優柔寡斷、猶豫不決性格的致命傷。所以，劉邦最終能使項羽「無顏見江東父老」，自刎而死。

第三，知人善任。為什麼恃才傲物的張良和足智多謀的韓信都能夠臣服於劉邦手下，為他打天下而萬死不辭？其中最重要的原因就是劉邦知人善任，知道把這些人才放在合適的位置以充分發揮出他們的才能和智謀，使他們能全然地發揮出自己人生的價值，所以心甘情願地為劉邦效忠盡力。

第四，虛懷納諫。作為領導者最忌諱的是狂妄自大，目空一切。劉邦容大度，具有親和力，他很謙虛地接受部下的建議，並且與部下建立一種親切融洽的關係，為自己的重大決策和成功奠定了基礎。

這就是原本有「地痞」、「流氓」稱號的劉邦，為什麼最後能坐上皇帝寶座並譜下一段輝煌歷史，更成為後世人們不斷學習和研究的領導楷模的主要原因。

劉邦成就西漢偉業就是「壞」同學實現領導夢的典型代表。從劉邦最終能夠走向皇位的原因分析中可以看出，劉邦是一個相當具有領導才能的人物，劉邦一方面具備作為領導者所應該擁有的寬容大度、仗義直爽的性格，另一方面還具有知人善任、虛心和果斷、機智的優勢。

假如把劉邦和項羽相對比來看，劉邦如果像項羽那樣做事優柔寡斷、狂妄自大，歷史也許就會被改寫了。正是靠著他自身的優勢，劉邦最終能夠拉攏人才，並且果斷、堅定地把握先機，打敗項羽，穩坐自己的西漢江山。

從劉邦的身上我們可以看出，「壞」同學在經營自己的事業和人生時，都會有一套屬於自己的經營哲學和方法。

「好」同學偏好「執行力」

「好」同學在工作和生活中往往存在這樣一個現象，那就是會習慣去被動地接受一些工作任務，然後按部就班地一步一步完成；也就是說，「好」同學有很強的執行能力，但是卻缺乏主動領導和管理的能力。

為什麼會存在這種現象呢？探究其原因，還應該要從「好」同學的特質上著手。

首先，因為「好」同學在長期受教育的過程中，一直是老師在主動傳授知識，而自己總是被動地接受。這種模式讓「好」同學的思考方式受到了限制和制約，所以在工作中他們會變得習慣性地接受這種模式，從而漸漸失去了對事務採取主動領導和決策的能力。

其次，因為「好」同學在接受知識的時候，只是表面地接受了知識，其實並沒有實際的操作能力和經驗，他們保守和謹慎的態度決定了他們不敢輕易地去接受和挑戰那些具有風險的事情，只是被動地接受和承擔，或者按照別人安排的計畫一步步地去執行、去操作。

這兩個基本的原因，限制了「好」同學在領導能力上的發揮，也就註定了「好」同學與領導者成為不能相交的平行線。

所以，「好」同學這種被動接受、缺乏魄力和膽識的個性，決定了他更加適合擔任執行者，當他人將困難解決了，他只需要去執行規劃好的計畫，按部就班去執行就好了。

胡瀾菲是一個從小就很好學的「好」同學，幸運的是，他還考上了台大的研究所。研究所畢業後，瀾菲經過一段時間的求職後，最終塵埃落定，成為一家廣告公司的一名廣告企劃人員。

到目前為止，瀾菲已經在這家公司工作了將近三年，但在事業上卻還未有任何突破，仍是一個普通的企劃人員，與自己遠大的主管夢想還很遙遠。

最近公司新接了一個新專案，在公司召開的會議上，老闆要求大家說出自己的看法，以及具體的企劃方向和創意。

瀾菲看著大家一個個地站起來發表自己的看法，自己卻一點也不想發言，他想：「反正最終的方向，肯定不是我們能決定的，還不都是老闆拿的主意？與其在這裡浪費時間討論、爭辯，還不如等老闆具體擬出方案後再直接去執行就好了。」

於是在整個會議中，瀾菲始終沒有站起來發表自己的任何觀點和看法，自始至終地等待著討論結束。

然而令他失望、甚至遺憾的是，這個專案最終居然採納了一個剛進公司不久的新人的意見，而這個新人從此成為老闆的心腹愛將，在公司裡可以說是走路有風。瀾菲現在開始後悔了，自己當初為什麼不站起來發表一下自己的看法呢？就這樣，他讓機會悄悄溜走了。

但這只是胡瀾菲職業生涯中的一個縮影，在大多數情況下，他一直保持這種低調的作風，從沒有主動去表達自己的意見，只是一味地等待最終結果的出爐，然後才按部就班地按照計畫和要求去實踐。當然，他在工作中也就失去了很多表現自我的機會，更讓晉升的可能離自己越來越遠。

胡瀾菲一直停留在小職員的位置而沒有任何發展，其根本原因就是因為他只關注於工作的執行力，而沒有積極主動地去探索和尋求其他任何表現「意見」的可能，所以在平淡的工作中，很難更上一層樓的成為一個規劃者，當然也就與領導者的位置越來越遠了。

從胡瀾菲的故事中我們可以看出，「好」同學在工作中往往缺乏一種勇於挑戰和冒險的精神，他們只是被動地等待和接受他人的建議和決策，沒有主動出擊，所以一直缺乏一種領先他人、表現自我的勇氣。

「不在沉默中爆發，就在沉默中滅亡」，「好」同學一貫的低調作風很容易使自己陷入一種沉默的尷尬處境中，最終喪失掉自己的本色和魅力；所以「好」同學應該學會在沉默中爆發，充分發揮自己的特色，展現自己的神采，在他人心目中樹立起自己的威望，擺脫小弟和員工的命運，像大多數「壞」同學一樣成為一個領導者和管理者。

- 作為一個領導人物，首先就需具有魄力和膽識，需要個性十足。「壞」同學一般個性比較放得開，能夠積極、主動地去承擔和決策；而「好」同學則往往喜歡保持低調，大多擅長被動地去接受、去執行。
- 「壞」同學的性格和處事方法與做領導者的素質相近，比較適合做領導者；而「好」同學的心態和做事風格則比較適合做員工。
- 從兩者的對比中我們可以看出，「好」同學的執行能力比較強，而「壞」同學的領導能力比較強；所以在眾多的領導者中湧現出很多的「壞」同學，而「好」同學則大多是執行者，因此，「好」同學如果希望成為領導者，就應該改變自己的人格特質，學習主動、開放的心態。

Part3 塑造魅力，而不是僅靠踏實

「壞」同學散發人格魅力

人格魅力是一個人整體性格特質的展現，是一個讓他人信任和擁護的重要因素，也是一個人精通為人處世手段和策略的體現。

「壞」同學往往具有很強的人格魅力，他們儘管功課差，但是在為人處事和展現人格魅力方面具有很強的優勢，這就是為什麼在「壞」同學中會誕生出許許多多優秀的領導者和企業家的原因。

對於一個企業來說，領導者的個人魅力其實是這個企業核心文化的縮影，是企業凝聚力的動力源，也是企業的一種無形資產和財富，所以領導者的人格魅力對企業的生存和發展顯得尤其重要。「壞」同學正好具備了這種人格魅力，所以他們往往能夠憑藉自己獨特的個性和魅力成為一名優秀的領導者。

袁亞飛從小在大人眼中就是一個名副其實的搗蛋大王。

亞飛功課很差，經常藉故蹺課，和街上的小混混們混在一起，還經常打架鬧事。

老師和家長使用了很多方法也始終沒有辦法成功將這匹野馬馴服，導致最後亞飛高中就輟學了，父母看他也不想讀書，只好讓他待在家。

但是天生好動的亞飛當然不可能乖乖的待在家裡，於是他向父母說了聲，就和附近的鄰居一起離開台南老家，前往台北打拚。

只有國中學歷的亞飛，找工作處處碰壁，但他天生是一個樂觀主義者，這些挫折並沒有打擊他的自信心。他做過很多工作，在酒吧和飯店裡做過服務生、在建築工地當過搬運工人、還從事過推銷員，這些經歷都成為亞飛後來事業和人生中的一筆寶貴財富。

在台北近四年的打工生涯中，亞飛練就了一身交際應酬的本領，他在大家的眼中已經不是當初那匹桀驁不馴的野馬，相反地，成為了一個很有人格魅力的人。

回到台南後的亞飛，憑藉自己的閱歷和經驗，開了一家餐廳，以此實現自己的創業夢。

創業初期，資金和人員都不是很充足，但亞飛很能吃苦耐勞，繁雜的工作他都一個人扛了下來，並且非常地體恤員工，即便是自己累一點，也沒有讓員工加班。他的舉動員工都看在眼裡、記在心裡，並且自願與他一起度過了創業初期的艱難時光。

經過兩年的發展，餐廳的生意逐步走向正軌，這時亞飛有了擴大規模的想法。

由於他認為餐廳的經營不是自己一個人的事情，於是他向同仁們徵詢了意見，集思廣益，務求團結一致。就這樣，亞飛謙遜自斂的態度贏得了大家的信任和擁護，最

終經過大家的商議，決定在擴大規模的同時，也增加菜單與服務的種類。

最後，亞飛的生意從原本的一間小餐廳逐步發展成一間大飯店，他也成了當地頗有名望的大老闆。

「壞」同學袁亞飛的成功，生動地詮釋了「壞」同學也可以憑藉個人的人格魅力取得成功的道理。從袁亞飛的經歷中我們可以看出，他原本是一個不折不扣的「壞」同學，但是在打工的歷練中，他磨練了自己的意志和心態，所以在創業的過程中他懂得發揮自己的人格魅力，用自己的真誠去經營、管理自己的團隊，從而實現自己的創業夢，成功當上老闆。

人格魅力反映的是一個人的整體個性與內涵，不僅是自身的戰略膽識和魄力，還有與他人溝通交際的處世能力；一個人能夠成功，關鍵取決於他自身的人格魅力和整體涵養，「壞」同學往往比較早接觸社會，靈活應對能力較強，所以在社會閱歷和經驗的支持下更容易練就一身待人處世的本領，人格魅力也發揮的更加透澈，也就更加容易在人們心中樹立一種領導者的威望和信譽。

作為一個企業的領導者和管理者，很重要的一個特質就是需要具備個人的魅力與個性十足的性格，而「壞」同學往往具有這種特質，所以在面對一些重大事項時，往往能靠著自己的膽識和魄力，做出果斷的決策；在與下屬和員工相處時，用自己的獨特魅力去征服他人，建立起自己作為一個領導者應該具備的形象和威望。

「好」同學崇尚作風踏實

「好」同學往往給人留下的是踏實穩重的印象，尤其在工作中總是默默無聲地付出，在平凡中累積和沉澱自己的能量，逐步去實現自己的目標和計畫。

不論是在職場中還是在生活中，「好」同學往往喜歡一種慢中求穩、求進的步調，他們更願意腳踏實地、按部就班的去實踐自己的計畫和目標。

「好」同學的這種做事風格和習慣，往往會讓他們保持一種穩定的生活狀態，使他們的工作安穩，不必承擔一些風險；但也因此會埋沒「好」同學的領導才能，使他們失去一些可以展現自我的機會。

所以，從這一點來說，「好」同學的踏實穩重，使得他們適合從事那種不需要承擔風險的工作，這也就決定了「好」同學大多會成為一個被領導者而非領導者。

張凱戈研究所畢業後，進入一家大型的外商企業從事設計工作，除了平時的文案設計外，凱戈還要負責一些大型的企劃專案。

凱戈的設計水準是毋庸置疑的，他精通很多套軟體和圖片處理技術；而在工作中，他也很謹慎地將自己的設計時程規劃好，絕對保證按時完成。可是做事如此踏實穩重的凱戈，在這家外商公司工作了將近三年後還是沒有任何升遷的機會。

一次，凱戈與自己的上司談了一下自己的近況，凱戈直言不諱地說：「王總，我進入公司這麼長的時間了，您看是不是該給我機會換個位置了呢？」

王總說道：「你太穩重了，完全沒有衝勁，我看不到你的潛能，當然也就很難給你升遷的機會。」

凱戈還是搞不懂王總的意思，於是摸著自己的後腦勺說道：「踏實穩重不好嗎？難道莽莽撞撞的就比較好？」

王總拍了拍他的肩頭說：「莽撞當然不好。但你平平穩穩的，不求出頭，當然沒有人看到你的成績！」

凱戈聽了，回想自己這三年來一直規規矩矩地做事，好像真的沒有一件特別出眾的事情，怪不得上司一直沒有發現自己的潛能呢。

從此以後，凱戈工作中不僅重視腳踏實地，還更加注重追求表現。

有一次，公司裡針對一個設計的問題集思廣益，要求大家都提出自己的建議和看法，當時大多數人都等著別人發言，只有凱戈站出來闡述了自己的觀點，而他的這個提議獲得了大家的一致好評；後來，更替公司創造了極大的經濟價值和效益。

凱戈因為這一次的優異表現在老闆心中留下了非常深刻的印象，一年後，他獲得老闆的提拔擔任起公司的設計總監。

從「好」同學張凱戈的例子中我們可以看出，「好」同學在工作中一向維持踏實和穩重的作風，憧憬一種細水長流的工作原則。這種工作態度和做事風格固然有它的好處，但是往往也會使他們陷入一定的困境之中，缺乏個性，便容易在激烈的競爭中失去一些珍貴的機會。

所以對於「好」同學而言，這種踏實和穩重的做事風格與作為一個領導人物所應該具備的那種獨立個性、敢做敢為的處事風格是相違背的，也因此「好」同學只能成為一名好員工，一個被領導者。

蔣高超在大學畢業後，由於功課不錯，教授原有意要留他當助教，但是高超並沒有把握，而是選擇自行創業。

經過調查，高超發現在市區的近郊有一片新發展的高級住宅區，裡面有不少辦公室待租，房價也比市區便宜；他靈機一動，認為這邊在將來應該會有不少的公司和住戶進駐，那麼對於這些人來說，飲用水應該是必不可少的東西，所以他決定要在這邊開辦一間飲水機公司，提供送水服務。

確定好了創業方向，高超接下來就開始投入到具體的創業籌備和實行中，他告訴自己，做生意是有風險的，自己一定踏實穩重，千萬不能急於求成，以免自己掉進創業的險境中。

經過一段時間的籌備工作，高超的飲水機公司正式開始營業了，為了做宣傳，他辦了一場促銷活動——凡是在他店裡購買飲水機的客戶都免費加贈五桶水的優惠——

促銷的效果不錯，他的創業總算是有了一個好的開始。

轉眼間半年過去了，如他所料的，這片新興住宅區進駐了很多公司行號和居民，也就是說高超所需要面對的客戶群更大了，於是，他公司裡的員工向他提議道：「現在客源變多了，我們應該稍微擴充一下店面、增加一些飲水機的種類，另外再多招聘一些業務人員，這樣才能財源廣進。」

然而，高超搖搖頭說：「做生意不能急，要腳踏實地，不管什麼都沒有比『踏實』來得重要。擴大規模和招聘人員，都應該要等到我們公司生意完全穩定了再說！」

底下的員工雖然不認同，但是老闆說了算，他摸摸鼻子也只好乖乖閉嘴。

就這樣，由於高超對穩重發展的堅持，客戶始終都維持在幾十家上下，並沒有更進一步的拓展。

又三年過去了，這片地區發展的越來越好，照理來說，高超的生意應該也是水漲船高；但事實上卻是恰恰相反！因為其他商人也看到了這個商機，於是不斷的有人進入這片市場搶占商機，造成高超原本的客戶不斷流失。

對於高超來說，一直堅持的踏實作風，卻使自己喪失了擴大生意規模、搶占市場的好時機，如今面對市場巨大的競爭，他無法引進新的財源，也只能不斷討好舊的客戶以免損失越來越大。

現在高超開始後悔自己當初沒有聽從他人的建議了，倘若當時自己能夠壟斷這片市場，現在也不至於淪落到這種舉步維艱的境地。

蔣高超在創業初期能重視腳踏實地的這種想法是可貴的，但可惜的是，他並沒有根據市場情況隨時做出調整，只是過度堅持自己一貫的原訂計畫，從而使自己的市場開拓受到限制，使自己事業面臨危機。

「好」同學在學習的過程中經常受到老師們所教導的腳踏實地、按部就班等觀念影響，所以在工作中也往往會存在這種謬誤，認為做什麼事都要穩中求進，因此使自己錯失了一些可貴的機會。

從蔣高超的經歷中我們可以發現，「好」同學踏實的做事風格在一定程度上是有助於發展的，比如說在創業的初期或者剛步入職場時；但是一旦過度迷信這種想法，那麼他們也會受到限制，最終將與市場脫節，為自己的事業道路增添障礙。

就這種處事態度和風格來說，「好」同學太過於循序漸進和按部就班，不能有效地、快速地抓住機遇，最終只能待在一個被動和消極的位置，失去原本的主動權和領導地位；而「壞」同學則恰恰相反，他們總能在關鍵時刻保持自己的個性，該出手時就出手，把握時機，挑戰稍縱即逝的大好機會。所以「壞」同學更加容易踏上成功者的階梯，成為一名優秀的管理者和領導者。

「好」「壞」對比分析

◆ 踏實穩重的做事風格和工作態度在某些時期是很明智的一種態度和決策，但是一旦過度堅持這種原則，則容易使自己陷入被動，最終錯失良機；人格魅力是一個人吸引他人最有效的手段和方法，敢做敢為、果斷有魄力，才能快速做出決策，把握先機，充分展現自我。

◆ 「好」同學在職場和生活中往往強調踏實穩重，但缺乏挑戰的勇氣和個性；「壞」同學個性直接，習慣利用自己的人格魅力去征服世界。

◆ 「壞」同學能在關鍵時刻大顯身手，充分展現自己的能力，為自己的成功打好基礎；「好」同學則往往缺乏這種魄力和個性，他們大多喜歡停滯在一個特定的模式和狀態下，踏實穩重地一步步去實踐自己的事業。

CHAPTER

海派：壞同學是「大哥」好同學是「小弟」

「壞」同學愛交「哥兒們」，愛跟身邊的人打成一片，即使與職場上的人也常常是「稱兄道弟」，極具江湖義氣；人脈廣博的他們最喜歡的就是和人們待在一起，通常都是團隊的中心人物。

「好」同學之中不乏「獨行俠」。當然，他們也會有要好的同事，但要想成為一個團隊的核心焦點卻還是氣候不足，只能當個小弟繼續慢慢磨練。

Part1

江湖義氣也是種魄力

大哥：是好是壞都是我兄弟，關鍵時刻拉一把

那些重情誼、講義氣的「壞」同學，不管自己的狀況如何，總是十分真誠地對待朋友，每當朋友遇到困難的時候，他們必定會仗義出手，給對方幫助和關心。

為什麼呢？

因為在許多「壞」同學的潛意識裡，「團體」很重要，他們認為大家既然是一個team，就要心連心，時刻團結在一起，在彼此遇到困難的時候互相幫助，度過難關。

這種做法不僅只是幫助旁人擺脫困境而已，而是一種聚集整個團隊的力量，同時也樹立了「壞」同學豪爽、講義氣的領導者形象，從而更容易讓眾人欽服。

在同學的眼中，劉志強是一個完全沒有自制力且不愛讀書的人，從小到大，志強在班上的成績都是倒數幾名的。而在高中畢業前夕，叛逆的他更經常蹺課，所以他沒有考上大學。

高中畢業後的志強，在父母的安排下，到一個親戚家裡幫忙，親戚家做的是建材方面的生意，志強到那裡後，就開始了自己人生的第一份工作。

在親戚家的公司工作近三年的時間後，公司不幸倒閉了。從這段工作經驗中，志強分析出生意失敗的根本原因，在於公司內部人員的不團結；尤其，作為老闆的人，如果對員工的要求太苛刻，從來不注意自己與員工的團結與合作，不在關鍵時刻拉他們一把，而是輕易因為員工的小過錯就無情把他炒魷魚——這樣的公司遲早會倒閉！

吸取了這個教訓，志強決定自己創業的時候一定不能有這種差勁的習慣和做事風格，而是要盡力與員工打成一片，關心自己團隊中的每一個成員。

最終，志強在父母的幫助下開了一家專賣3C產品的小店，還聘請了幾名員工。由於有了先前的工作經驗，兩年後，志強不但與員工相處融洽，生意也很不錯。

一次，店裡的一名員工因為一點小疏忽，竟使公司蒙受一筆不小的損失，這名員工深知這次自己犯了大錯，所以上班時變得提心吊膽的，鬱鬱寡歡。

當志強聽說了以後，私底下把他找來，說：「我們是一個團隊，你的錯誤也是我們整個團隊的錯誤，作為老闆我也有責任，關鍵時刻我會拉你一把，不會因為你的失誤就直接叫你走人。」

志強果然夠義氣！他這種做事態度和作風，使得他與他的的團隊緊緊地結合在一起，眾人的力量凝聚在一起，生意也就越做越大了。

又過了兩年，他的店面規模不斷擴展，逐漸成為當地最大的、服務最好的3C賣場，他自己也成為當地人人敬重的大老闆。

「壞」同學劉志強的成功，一方面來自於他最初三年的工作經驗，另一方面還來自於他有意提昇自己團結員工的能力。當員工犯錯的時候，他沒有很武斷地讓員工承擔所有的過失，而是強調團隊的力量和責任；他在關鍵時刻拉了自己員工一把，而正是這種寬闊的胸襟和義氣，使他最終打造出一支強而有力的團隊，成功經營起自己的賣場。

假如劉志強沒有從倒閉的親戚那裡學到經驗，成為那種苛刻員工的老闆，忽視團隊合作，那麼，他現在的命運也許就不會是如此的成功了；正是他能原諒他人的錯誤，勇於承擔團隊成敗的責任，才能凝聚人心，使自己的事業邁向光明的道路。

從這一點來看，「壞」同學注重團隊的團結，更加重視彼此之間的情誼，因此具有做老闆和領導者的涵養和素質。

小弟：不能因為一粒老鼠屎，壞了一鍋粥

在一個團隊中，往往會出現一種情況：如果有人的績效或是能力不強，其他人就會嫌棄和排斥他們，認為他們水準太差，會影響整個團隊的發展和進步，會扯大家的後腿。而會這麼想的人，大多是那些所謂的「好」同學。

大多數「好」同學認為，那些技術能力比較差的人會拖垮團隊，不但無法為團隊爭取榮譽和利益，反而造成團隊整體實力的下降；但其實，「好」同學思考這個問題的角度是不合理的——既然大家已經是一個團隊了，那麼就不該有這種把誰除去的心理，只有團結一致、幫助那些實力較弱的人，「共同進步」才是團隊的活路與正道。

「不能因為一粒老鼠屎，壞了一鍋粥」是一種狹隘的心理，這種心態往往會讓「好」同學的人際交往受阻，還有可能使整個團隊的向心力和凝聚力受到威脅和削弱，從而使好同學的事業發展受到限制。

這就是為什麼一些「好」同學不能在團隊和事業上成為一個具有威望和能力的領導人物，只能接受他人的領導和統帥的原因之一。

江春梅和佟夏樹是大學同學，唯一不同的是，春梅是大家眼中的優等生，而夏樹是一個老是蹺課泡網咖的壞學生。

大學畢業後，眾人紛紛投入職場之中，很巧的是，春梅和夏樹都進了同一家大型跨國企業。到目前為止，兩人已經在這家公司工作將近三年了，但是兩人如今的狀況卻令當時的同學們跌破眼鏡，因為在大家眼中的「壞」同學夏樹已經成為這家公司的設計總監，統領整個公司的設計團隊；而那個眾人眼中的明日之星春梅，卻依舊還是一個普通的設計製作人。

大家都對兩人現在的巨大反差感到疑惑，而其實春梅自己也搞不清楚為何情況會演變成這樣呢？

其實很簡單，夏樹在同事眼中是一個夠海派、講義氣的人，他總是能將所有的設計夥伴當做一個團隊、一個整體；而春梅則不然，她在很多時候總是只顧著自己的利益，不能將整個設計團隊的利益與公司的整體利益放在第一優先，甚至還會排斥那些剛加入設計團隊的成員。

所以春梅在平時與同事的相處中，總是處理不好人際關係，大家對她的印象並不算好；而夏樹的豪邁個性卻征服了大家，喜歡照顧別人的他很自然地受到同事的擁護和信任。

所以，儘管春梅的設計能力比夏樹要強得多，但最終老闆還是提拔了廣受好評的夏樹，而所有的同事也都很高興看到這樣的結果。

「好」同學往往會因為缺乏團結心，沒有將團隊整體利益作為出發點，而造成與同事之間的隔閡，最終失去很多可以一展抱負的機會。就像故事中的江春梅一樣，儘管她是一個專業能力非常強的「好」學生，但與「壞」同學佟夏樹比起來卻少了人望和領導力，所以最終也只會是一名職員而不是領導團隊的設計總監。

「好」同學在職場中如果缺少寬闊的胸襟，不能將整個團隊容納於內心，就會造成自己與團隊的偏離和疏遠，那麼，在激烈的職場競爭中就很難得到眾人的支持和擁護；相反地，「壞」同學總能因為其某些「壞壞的特質」而在團隊中樹立起領導者形象，最終得到大家的信任和認可。

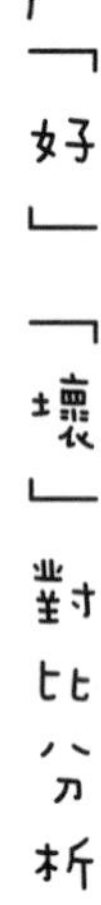

◆「壞」同學通常很海派、講義氣、重情義，所以會特別重視團隊的團結合作，因此在激烈的職場競爭中，他們容易得到團隊夥伴的強力支援，使他們能夠站在一個更高的基礎上挑戰成功。

◆「好」同學大多更專注於自身的立場和利益，漠視整個團隊的利益，因此很難服眾，也很難在大家心目中樹立起一個綜觀全局的領導者形象。

◆從兩者的對比來看，「好」同學缺乏作為領導者應該具備的能力和度量，不具備團結同事和綜觀全局的能力。所以「好」同學應該要從「壞」同學身上好好借鑒，才能彌補自身在這方面的缺失。

Part2

給別人退路，也是給自己機會

大哥：這樣啊……那好吧

古人云：「海納百川，有容乃大；壁立千仞，無欲則剛。」說的就是寬容的力量。寬容他人不僅可以彰顯自己的人格魅力，也可以幫助自己成就偉業。「壞」同學往往就具有這種特質和美德。

在「壞」同學的思維邏輯中，如果別人對自己造成了不利或者傷害了自己，其實沒什麼是不可以寬容和原諒的。

為什麼呢？

因為「壞」同學大度、講義氣，他們不會因為一點小摩擦或者誤會而一直耿耿於懷。他們擁有寬廣的胸懷和氣度，總是能給對方一條退路走、給對方一個臺階下，使對方能夠有改進和重新再起的機會。而這樣的特質，正好符合了作為領袖和領導人物所應該具備的那種寬容、大度的風範和氣質，這也是他們為什麼能夠擁有很高的威望，並得到眾人的支持和愛戴的重要原因之一。

在歷史的長河中，有許許多多的例子證實了「壞」同學往往具有寬容之心，並能憑藉著自己的這個人格魅力成就自己的春秋偉業。其中楚莊王就是一個顯著的例子。

歷史上有名的「絕纓宴」故事講的就是楚莊王怎樣寬容他人，並因此獲得他人的信賴和忠誠的道理。

話說春秋戰國時期，楚莊王是一個風流成性，天天沉迷於歌舞酒肉之中的人，話雖如此，但是他依然靠著寬容之心贏得了天下，在歷史上留下了令人難忘的身影。

一次，楚莊王邀請全朝文武百官到自己的宮殿飲酒作樂，這個宴會一直從中午進行到晚上，大家都喝醉了。喝到盡興處，楚莊王讓自己最心愛的寵妃許姬去給百官敬酒。許姬是一名絕色美女，大家都被她的美麗容貌所吸引，突然，一陣風將殿堂裡的燈吹滅了，眾人頓時陷入一片黑暗中。

在黑中，許姬急忙回到楚莊王身邊，悄聲說道：「剛才黑暗中，有一個人調戲了我，由於看不到他的臉，所以我就將他的帽纓摘了下來。希望大王給我做主，治他『欺君之罪』吧！」

許姬原以為楚莊王一定會治這個人的罪，但出乎意料的，楚莊王突然說道：「先別掌燈，今天難得大家這麼高興，乾脆大家都把自己的帽纓摘下來，喝得更痛快！」

等到宴會結束後，許姬忍不住抱怨道：「大王，您怎麼不替我作主，那人這麼做是對您的大不敬，您怎麼還放他一馬呢？」

楚莊王回答道：「人喝醉之後難免會做出荒唐事，況且是面對妳這樣沉魚落雁的美人，我相信他在清醒之時是絕對不敢這麼做的。」

於是，這件事就這樣平靜地過去了。

後來，楚國與晉國開戰，楚國很快就取得了勝利，楚莊王沒有想到戰事會這麼快取得進展，因此大大犒賞了當時的領軍將領，不料卻聽這名將領說道：「功勞不全在於我領導有方，最關鍵的，是唐狡帶領了一批敢死隊勇往直前，誓死拚殺，才讓我們取得有利先機的。」

楚莊王沒有想到自己的軍隊裡竟然有如此驍勇善戰之人，於是激動地吩咐道：「速傳唐狡前來見我，我一定要大大地獎賞他一番。」

從前線急速趕回來的唐狡滿身是血，只見他跪在楚莊王面前說道：「有罪之人前來請罪。」

楚莊王被眼前的一切給搞糊塗了，說道：「我是要獎賞你的，你怎麼說自己是來請罪的呢？」

唐狡回答道：「大王有所不知，當日被許姬摘取帽纓之人正是我，那日受恩於大王的寬容和大度之心，才能有今日所為。大王這恩，萬死也難以報答。還請大王治我的罪吧！」

楚莊王聽後恍然大悟，接著哈哈大笑，說道：「原來是這樣，這件小事我早已忘記了。不過既是激怒了本王的愛妃，那本王替她原諒你也就是了……」

經過這次事件後，楚莊王寬容大度的人格魅力受到了更多人的擁護和愛戴，也靠著這一役，更成就了楚莊王日後的一代霸業。

在面對一些錯誤時，只要不危及整體利益，「壞」同學往往會將別人對自己的傷害和錯誤「小事化無」。當楚莊王的愛妃將自己被調戲之事告訴他時，楚莊王從寬容之心出發饒了唐狡，這本來只是他個人的寬容慷慨之舉，沒想到卻因此贏得唐狡的忠心和效力，並因此獲得更多人的信賴和擁護，最終實現了自己的春秋偉業。

這就是寬容他人，給對方留條後路，同時又成就自己的真實寫照。其實在現實的生活中，也有很多這樣的例子，那些「壞」同學往往具有寬廣的胸懷和大度之心，這也是他們征服他人、取信他人的一種成功祕徑。

幾年前，在大家的眼中，曾遠政還是一個完全不學好又不務正業的「壞」同學，因為在大學期間，遠政不是蹺課，就是待在宿舍睡覺，再不就是往酒店跑。總之，由於學分沒有修全，遠政最後畢不了業。

家裡人提起這件事就氣得牙癢癢的，開口閉口就是罵他沒出息。然而四年後，遠政卻以驚人之舉成為全班同學裡事業最成功的人，就連那些年年拿獎學金的「好」同學也望塵莫及。

大學肄業後，遠政進入一家建築工程公司近一年的時間，當時，公司接了一個新的專案，沒有什麼人願意接。曾遠政仔細考慮再三，最後決定接下這個專案大幹一場。

巧的是，當他下定決心後，原本的上司段靜學也跳了出來說願意接下這個專案。

於是，最後老闆決定讓他們兩人一同接手，共同把這個專案完成。

一開始，遠政和段靜學經過討論後，兩人決定要先各自提出一套具體的施行方案，之後再評估要如何取捨。幾天後，兩人都提出了自己的施行方案，並召開會議和其他同仁討論。絕大多數人都支持遠政的方案，覺得他的方案可操作性比較大，還比較節省經費；相反地，大家都認為段靜學的那個方案雖然表面上看起來也不錯，但是具體實行起來可能會困難重重。於是，遠政提議或許可以將兩個人的方案綜合一下，修改各自不合理的部分，做出一個更加完美的施行方案。

大家覺得這個建議不錯，段靜學表面上也同意了。

但其實段靜學是一個固執的人，所以他在最終提交的方案中並沒有將遠政的方案採納進去，而是直接按照自己原來的構想提交了，因為他堅持相信自己才是對的。

結果可想而知，這個方案根本無法正常施行，最後害公司蒙受了巨大的損失，而老闆也要追究他們兩人的責任。雖然遠政是才是真正的受害者，但還是難以倖免。

於是遠政找上段靜學說：「我們本來商議出了一個更好的施行方案，但是你卻堅持己見，還在沒有經過大家同意的情況下私自將你的方案報了上去，最後才害得工程無法正常順利進行。假如只是傷害到我，我可以不計較，但是這次已經危及到公司整體利益了，而且更害得團隊夥伴們受到牽連。所以我無法原諒你！」

段靜學自知理虧，當然也不好意思為自己辯解什麼。

之後，遠政繼續賣力完成其他的專案，並對這次的事件絕口不談。一年之後，段靜學調職，臨行前向老闆提議，讓遠政接替自己原本的位置，因為他發現遠政是一個大度的、寬容的、有原則性的人，非常具有管理者和領導者的胸懷。曾遠政得到了大家的擁護和支持，最終成功地升任為該部門的主管。

當曾遠政發現上司犯了錯誤，並威脅到自己和其他員工、甚至公司的利益時，他說道：「假如只是傷害到我，我可以不計較，但是這次已經危及到公司整體利益了，而且更害得團隊夥伴們受到牽連。所以我無法原諒你！」這可以看出，曾遠政的寬容之心是有一個原則和底線的，他可以忽略對方對自己造成的傷害，但是無法容忍對整個公司和團隊造成的損失。他的這種態度和處事風格，符合作為管理者和領導者所應該具備的獨特氣質和潛力，最終使他的事業發生了一個重大轉折和突破。

小弟：啊！你怎麼可以這樣！

有些人會把別人對旁人、或者團隊所造成的傷害當做是一件無所謂的事，總是抱持一種事不關己的冷漠的態度；但是當別人觸犯了自己的利益和底線時，又會變得斤斤計較，久久不能釋懷。

「好」同學恰恰都存在這種心理和態度，其實這是一種缺乏責任、自私自利，甚至是冷漠無情的行為。這在一定程度上將「好」同學置於一種發展有限的空間中，使「好」同學失去寬度，使自己的人格魅力受到約束。

這種態度與作為領導者所應該具備的「寬容」相背離，並且還缺乏一種綜觀大局、團結一致的精神，因此將使得自己與領導者的形象越走越遠。

林仲衍在大家眼中是一個澈澈底底的好學生，在大學期間，他不僅每年都拿獎學金，最終還以優秀畢業生代表的身分走出校園。

仲衍畢業後很快在一家公司找到了一份很不錯的工作。

有一天，下班時間到了，仲衍卻還待在公司裡加班，因為前幾天接到的單子還有一些資料需要審核和整理。當他正忙著的時候，忽然接到同事劉伊仁的電話，伊仁告訴他：「老闆打電話通知我，我們上次接的那個客戶又說不想再合作了，所有的訂單要作廢。」

仲衍一聽，慌了，急忙說道：「可是我們已經根據他訂單的要求生產了大部分的產品了，況且他也還沒預付訂金，這樣不是害我們賠本嗎？」

伊仁說：「那沒有辦法，客戶現在拒絕付款，要求退貨，當時訂單的事情是由你負責的，你最好還是再跟客戶聯繫一下，溝通看看是否還有挽回的餘地。」

仲衍從來沒遇過類似的事情，於是，誠懇地問伊仁說道：「劉姐，妳工作時間比我長，經驗也比我多，我看還是妳去吧，我覺得妳去協商的勝算比我大得多了。」

就這樣，仲衍跟伊仁拜託了半天，伊仁最後也答應了會把這件事情搞定的。

仲衍想，憑著劉姐的經驗，這件事情一定可以圓滿結束的，於是就很放心地繼續自己手上的工作。

然而，事實的結果卻是出乎意料。儘管伊仁盡了最大努力去溝通，最終還是沒能成功說服那個客戶，就這樣，仲衍不得不承擔所有相關責任。

當伊仁把談判結果告訴仲衍時，仲衍傻眼了，一想到自己要承擔所有的後果，他忍不住對伊仁抱怨：「妳不是說妳會搞定這件事的嗎？怎麼結果還是這樣？現在後果還要我來擔，我也太倒楣了吧！」

伊仁很無奈地回答道：「我也已經盡力了，但這個客戶真的很難溝通啊……」

當老闆追究起責任時，仲衍還理直氣壯地說：「這其中很大一部分的問題是劉姐造成的，要不是她答應我一定會把事情解決好的話……」

從此，每當看到伊仁，仲衍就不高興，氣她沒有把這件事情處理好，害自己還要承擔後果。

老闆經過這次事件後，再加觀察他們平時的工作表現，發現林仲衍是一個完全沒有團隊合作觀念的人，他會對別人對自己所造成的困擾斤斤計較，但對於危及到公司利益的問題卻又會擺出事不關己的姿態，於是，老闆決定要開除他……

有些「好」同學只在乎別人對自己所造成的損失和傷害，並對這些錯誤耿耿於懷。案例中的林仲衍就是一個很典型的例子，當他聽到劉伊仁沒有將事情談功後，就對劉伊仁態度大變，不但把過錯都推到對方身上，還對此懷恨在心，甚至在老闆面前告了劉伊仁一狀。

這就是「好」同學林仲衍對他人所犯錯誤的態度，他可以對那些造成公司損失的傷害視而不見，但是無法忍受自己必須承擔錯誤的責任。

「好」同學的這種做人和處事風格，完全缺乏一個領導者所應該具備的豁達和寬容，如果這樣下去，他們只能是一個被領導者、一個小跟班，很難在自己的事業上有所突破，更容易使自己的生涯之路越走越窄。

「好」「壞」對比分析

◆「壞」同學處事有分寸、有原則，對那些傷及自己利益，但是沒有對團隊有實質性傷害的行為，他都可以接受和寬容。這是作為一個領導人物不可缺少的一種人格特質。

◆「好」同學更加關注自身的利益和發展，一旦他人對自己的發展造成了阻礙就會斤斤計較，但是對於那些讓團體損失的傷害則抱著無所謂的態度。這是一種冷漠和不負責任，和成為一個領導者與管理者的距離可以說是遠之又遠。

◆「好」同學並沒有「壞」同學的開闊心胸和大度，他們將自己的心侷限在自身的利益上，而不是綜觀整個群體；相反地，「壞」同學在為人處事上寬容卻有原則性，懂得在什麼情況下應該對別人的錯誤一笑置之，也懂得在什麼情況下應該追究責任、嚴肅處理。這種具有原則性和責任心的態度剛好和作為一個領導者所應該具有的素養相吻合，所以說「壞」同學更加具有做領導者的潛力。

Part3 用志向丈量高度

大哥：志在「做大」

俗話說得好：「不想當將軍的士兵不是好士兵。」意思就是說做人應該有遠大的志向和抱負，不能目光短淺，淺嘗輒止。

「壞」同學往往擁有寬廣的胸懷和遠大的抱負，總是將自己的目光看得比較遠，目標定得比較高。正所謂「沒有做不到，只有想不到」，「壞」同學一般經歷的波折比較多，見過的世面多，所擁有的社會經驗也比較豐富；這些歷練會讓「壞」同學呈現一種不滿足於現狀、勇於追求更高目標的態度，他們總是在大起大落的生活中追尋彈性人生，總是在遠大理想和抱負的刺激下奮鬥不息。

與其說「壞」同學具有這種胸懷和抱負，不如說「壞」同學的野心大，他們的目標是把自己追求的事業做得「更快、更大、更強」。儘管他們在學校時成績不好，或者根本就沒有受過什麼高等的正規教育，但是他們敢想、敢做、敢衝的膽量和勇氣，使他們最終塑造出領導者的風範和氣質，成功地向領導者的寶座邁進。

從商界領袖和成功人士的身上，我們可以看出他們大多具有很大的野心，他們的目標隨著事業的發展一直在不斷地變化，不斷地向前邁進；恰好「壞」同學也具有這種能力和氣質，所以這就保證了「壞」同學能在事業中占有領導地位和威望的可能。

王圭浩在大家眼中是一個「壞」同學，求學時經常蹺課，課業成績可想而知，最後連大學也沒有考上。

待在家裡的圭浩閒得發慌，所以經常去街上閒逛。由於圭浩平時對一些電器和機械維修方面的東西比較感興趣，所以他經常到附近街上的幾家汽車維修廠玩。

一天，他又來到其中一家汽車維修廠，店老闆看他對這一行這麼有興趣，於是就說：「阿浩啊，我看你在家閒著也沒事，要不你來我店裡學汽車維修技術好了，一個月我還給你一萬塊，以後看你的表現再說。要不要？」

圭浩一聽，爽快地答應了：「好，我明天就來上班。」

就這樣，圭浩開始了自己的第一份工作——汽車維修。別看圭浩平時讀書不怎麼樣，他在學習汽車維修技術方面腦袋可靈活了，不但工作一下就上手，而且每天更是進步神速，這讓老闆和家人對圭浩刮目相看。

轉眼間，圭浩已經在這家維修廠工作了快一年，對於汽車的所有問題他差不多都能一一解決，可以說已經出師了。於是，圭浩的心開始躁動起來，他思量著，如果自己只是一直在別人的店裡工作，一個月就拿那麼點錢實在沒有什麼前途，因此他決定辭職，打算募集資金開自己的店。

圭浩向老闆請辭了，儘管老闆答應他，如果留下的話每個月給他四萬五的薪水，但圭浩還是毅然辭職了。辭職後的圭浩在雙親和朋友的資助下，開了一家汽車維修廠，由於創業初期沒什麼錢，他完全靠自己一個人的力量支撐起這個店，靠著自己高明的維修技術和良好的信譽使維修廠的生意逐漸變得興隆起來。

有了一定客源後，圭浩應徵了幾名維修技術人員進來，並把自己的維修技術傳授給他們。就這樣，汽車維修廠的生意開始步入正軌，幾年後，圭浩的店生意越來越好，逐漸成為當地知名的一家維修中心，但是圭浩並沒有滿足，他的目標是建立一個規模更大、服務更周全和系統化的汽車維修及美容中心。

皇天不負苦心人，經過十多年的累積，圭浩終於擁有了雄厚的資金和技術人員，於是他擴充現有的店面、重新進行裝潢、採購最新的器材，使原本服務單一的汽車維修廠轉變為汽車維修和美容於一體的綜合型店面，成為當地最具口碑的汽車美容維修中心。

一天，圭浩碰見了當年那家維修廠的老闆，老闆很佩服地說：「我真沒想到你有這麼大志氣和野心啊，現在竟然做得這麼好！」

圭浩笑著回答道：「您知道嗎？我一直有個當老闆的夢，所以我當初才會執意離開，選擇自己創業。」

擁有遠大抱負的人，往往追求的是將自己的事業做得更大、更強，故事中王圭浩的經歷就向我們證實了這一點。

「壞」同學王圭浩儘管功課不好，讀書不行，但他對於汽車維修方面特別擅長，在很短的時間內就學到了維修技術；而他也並不因此而滿足於現狀，他的目標，是開設屬於自己的汽車維修廠；當他開了自己的維修廠後，他又再度給自己訂了一個更高的目標，那就是要成為一家汽車維修美容綜合中心。總之，在這種不斷追求卓越，不斷追求遠大目標的心態激勵下，「壞」同學王圭浩終於實現了自己的抱負和志向，成為一名大老闆。

假如王圭浩沒有不斷去樹立更高的目標，一直屈就於現況，那麼就不可能取得如此大的成就，也不可能實現自己做老闆的夢想。正是這種不斷挑戰和追求的野心，使他造就了事業的高峰。

在很多故事中和現實生活裡，我們都可以看到那些成為老闆和領導者的人大都是「壞」同學，他們的成功與他們所具備的遠大志向和抱負、野心、恆心，息息相關。我們無意去褒貶「壞」同學或者是「好」同學，只是闡明兩者的人生觀和價值的追求上存在著差異和分歧，我們只能說，站在事業成敗的盡頭，「壞」同學創造的價值和樹立的威望，更貼近一名領導者所展現的風範。

小弟：志在「求穩」

相對於「壞」同學追求的大起大落，「好」同學則更加注重追求那些穩定、平靜的生活方式。他們喜歡將自己的追求定格在一個循規蹈矩的圈子裡，按部就班地進行，換句話說就是慢中求穩、穩中求進。

為什麼「好」同學和「壞」同學會存在如此大的差異呢？主要是因為「好」同學一般接受正規教育薰陶，在他的潛意識中，一直有「專業」、「知識」等無形的框架侷限著他們的思考習慣；他們從求學階段就被家人和老師視為好學生、好孩子，他們的生活和學習都被家人一手包辦，根本不用自己關心和操心，只是順著已經鋪好和設計好的人生道路走下去，即便是進入職場後，他們的慣性也不會輕易改變，所以他們的夢想和抱負就被束縛在一個有限的空間內，漸漸就習慣了這種穩定平淡的生活，從此與領導者之路南轅北轍，越來越遠。

「好」同學這種安於現狀、缺乏激情和挑戰慾望的心態，決定了他們總是處在穩定中醞釀和翻滾，但很難突破現狀，給自己的生活注入活力。這就是現如今職場中大部分「好」同學為什麼只能成為員工和小弟，而不是老闆和領導者的原因。

張曉梅從小到大在大家的眼中就是一個乖乖牌，懂事、功課好，家裡的牆壁上貼滿了她的獎狀。

去年，曉梅以優異的成績從大學畢業了，但由於眼高手低，她一直找不到適合的工作，最終只好求助於父母。在父母的幫助下，她找到了一個助理工作，父母告訴她，要她先藉著這個工作的機會多認識一些人，好好鍛鍊一下對社會的適應能力；等她從中找到自己的定位後，再去尋找適合她的人生志業。但張曉梅卻讓父母失望了……

因為到目前為止，曉梅做那個助理工作已經一年了，但她遲遲沒有換工作的動靜，於是她的母親便對她說：「妳這個助理的工作整天就是忙著端茶倒水、打掃環境，哪有什麼未來性可言。妳還是趕快找一個新的工作吧。」

不料曉梅卻不以為然地說：「這工作不是當初妳們找給我的嗎？何況我對現在這個工作很滿意，每天的很有規律又穩定，還不用擔心失業，現在上哪去找這麼好的工作啊。」

父母聽了搖搖頭，苦口婆心地勸道：「當初只是想讓妳有一個適應社會的機會，讓妳學習一下怎麼待人接物，不是要妳做一輩子的。難道妳真的甘心屈就於這麼沒有前途的工作？」

曉梅開始為父母的嘮叨感到厭煩了，於是回答道：「不想換，誰知道下一個工作會不會更好。」

她的爸爸忍不住開口說道：「妳光坐著想，不去試，不去找，妳怎麼知道找不到？」

曉梅反駁道：「重新找工作還要重新適應。再說，我讀的科系根本找不到工作，要我找新工作，就要另外再考一些新證照，多麻煩，還不如一直做現在這個工作，穩定多了。」

聽了曉梅的話，父母感到無語又無奈，只能嘆了口氣，說道：「妳這些獎狀真是白拿了，小時候的妳不是這樣的，為什麼現在的妳一點志氣都沒有呢！」

……

儘管父母再三勸說，曉梅卻完全不為所動，還是每天上班下班，父母不懂她為什麼能夠屈就於這麼一個沒有意義又沒有前途的工作，但是對於她的固執，他們也無能為力。

故事中的張曉梅就是「好」同學志在「求穩」的典型案例。一般人都會認為「好」同學張曉梅應該是非常容易找到工作的，但事實上，她卻是屢屢碰壁，最終還是在父母的幫助下才勉強找到一個穩定的工作。在父母看來，這個工作只是緩兵之計，並非長久之策，可是沒想到卻造成了令他們失望的結果——張曉梅完全依賴和習慣了這個工作，完全失去了自己對未來的抱負。

現實生活中有很多像張曉梅一樣的「好」同學，他們走的都是這樣的一條道路。他們一旦適應和習慣了某個工作或者某個領域後，就很難再跨出去；究其原因，就是因為他們很容易滿足於眼前的現狀，缺乏追求卓越的上進心和野心。

其實這種生活和工作態度對於一個人的長遠發展是很不利的。它很容易束縛一個人的思想和能力，使人侷限在一個特定的領域內，慢慢地失去激情和衝勁，最終淪為一個平庸之人，從此與光芒四射的人生相悖離。

生活中始終存在著這樣的一類人，他們擁有高學歷，有著「好」同學的光環，但就是缺乏那種敢拚、敢闖的豪情壯志，總是在一種穩定的、一成不變的、甚至是毫無激情的狀態下工作和生活，所以，他們始終只能是一群默默無名、毫無遠大抱負的平庸之輩。

「好」同學的這種「求穩」心態，註定了他們的人生很難得到突破，只能在平凡的位置上做老闆眼中的好員工，大哥眼中的小弟。所以說，「好」同學的這種心態是與做老闆、做領導者的特質相違背的。

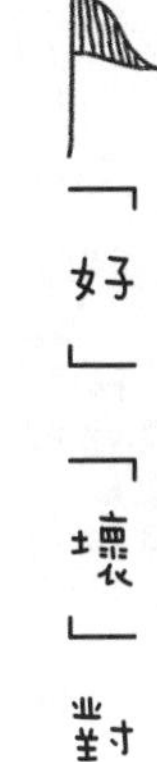

◆ 一個人的抱負和志向決定了他人生奮鬥的高度和價值，那些擁有遠大抱負和理想的人就會比那些滿足於現狀的人更容易成功。

◆ 「壞」同學往往對那種大起大落、冒險刺激的生活情有獨鍾，所以他們具有很大的野心和慾望去征服困難，使自己不斷向自己的遠大理想邁進，最終樹立起領導者的威信和聲望。

◆ 「好」同學大多喜歡那種平淡安穩的生活，總是將自己固定和侷限在一個狹小的環境中，只能成為一個個無名小卒和平凡之輩。

◆ 從兩者的人生態度和價值觀上來看，「壞」同學容易獨當一面，能夠在事業和生活上塑造一個強大的領導者形象；「好」同學則傾向於在平穩中充當一名被領導的小弟。

披著狼皮的羊
不一樣的領導學

作　　者	蘇建軍
發 行 人	林敬彬
主　　編	楊安瑜
責任編輯	陳亮均、黃谷光
助理編輯	黃亭維
內頁編排	蘇佳祥（菩薩蠻數位文化）
封面設計	彭子馨（Lammy Design）
編輯協力	陳于雯、曾國堯
出　　版	大都會文化事業有限公司
發　　行	大都會文化事業有限公司

11051台北市信義區基隆路一段432號4樓之9
讀者服務專線：（02）27235216
讀者服務傳真：（02）27235220
電子郵件信箱：metro@ms21.hinet.net
網　　址：www.metrobook.com.tw

郵政劃撥	14050529 大都會文化事業有限公司
出版日期	2015年07月初版一刷
定　　價	280元
I S B N	978-986-6152-79-5
書　　號	Success-082

◎本書如有缺頁、破損、裝訂錯誤，請寄回本公司更換。
◎本書於2013年06月以《「好同學」被領導，「壞同學」當領導》出版。

國家圖書館出版品預行編目(CIP)資料

披著狼皮的羊：不一樣的領導學 / 蘇建軍 著.
--初版.--臺北市：大都會文化，2015.07
320面；21×14.8公分. --（Success-082）

ISBN 978-986-5719-59-3（平裝）

1.企業領導　2.組織管理

494.2　　104010227

大都會文化

大都會文化　讀者服務卡

書名：**披著狼皮的羊：不一樣的領導學**

謝謝您選擇了這本書！期待您的支持與建議，讓我們能有更多聯繫與互動的機會。

A. 您在何時購得本書：_____年_____月_____日

B. 您在何處購得本書：__________書店，位於__________(市、縣)

C. 您從哪裡得知本書的消息：

1.□書店　2.□報章雜誌　3.□電台活動　4.□網路資訊

5.□書籤宣傳品等　6.□親友介紹　7.□書評　8.□其他

D. 您購買本書的動機：（可複選）

1.□對主題或內容感興趣　2.□工作需要　3.□生活需要

4.□自我進修　5.□內容為流行熱門話題　6.□其他

E. 您最喜歡本書的：（可複選）

1.□內容題材　2.□字體大小　3.□翻譯文筆　4.□封面　5.□編排方式　6.□其他

F. 您認為本書的封面：1.□非常出色　2.□普通　3.□毫不起眼　4.□其他

G. 您認為本書的編排：1.□非常出色　2.□普通　3.□毫不起眼　4.□其他

H. 您通常以哪些方式購書：(可複選)

1.□逛書店　2.□書展　3.□劃撥郵購　4.□團體訂購　5.□網路購書　6.□其他

I. 您希望我們出版哪類書籍：（可複選）

1.□旅遊　2.□流行文化　3.□生活休閒　4.□美容保養　5.□散文小品

6.□科學新知　7.□藝術音樂　8.□致富理財　9.□工商企管　10.□科幻推理

11.□史地類　12.□勵志傳記　13.□電影小說　14.□語言學習（____語）

15.□幽默諧趣　16.□其他

J. 您對本書(系)的建議：

K. 您對本出版社的建議：

讀者小檔案

姓名：____________　性別：□男　□女　生日：____年____月____日

年齡：□20歲以下 □21～30歲 □31～40歲 □41～50歲 □51歲以上

職業：1.□學生 2.□軍公教 3.□大眾傳播 4.□服務業 5.□金融業 6.□製造業

7.□資訊業 8.□自由業 9.□家管 10.□退休 11.□其他

學歷：□國小或以下 □國中 □高中／高職 □大學／大專 □研究所以上

通訊地址：____________________

電話：（H）__________（O）__________　傳真：__________

行動電話：__________　E-Mail：__________

◎謝謝您購買本書，歡迎您上大都會文化網站（www.metrobook.com.tw）登錄會員，或至Facebook（www.facebook.com/metrobook2）為我們按個讚，您將不定期收到最新的圖書訊息與電子報。

披著狼皮的羊

不一樣的領導學

北區郵政管理局
登記證北台字第9125號
免貼郵票

大都會文化事業有限公司

讀者服務部　收

11051台北市基隆路一段432號4樓之9

寄回這張服務卡〔免貼郵票〕
您可以：
◎不定期收到最新出版訊息
◎參加各項回饋優惠活動

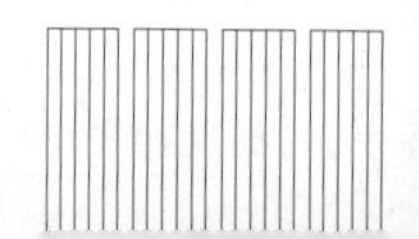